中国轻工业“十四五”规划立项教材

高等学校食品科学与工程类专业教材

食品分析实验指导

（第二版）

赵晓娟　黄桂颖　主编

中国轻工业出版社

图书在版编目（CIP）数据

食品分析实验指导 / 赵晓娟，黄桂颖主编. -- 2 版.
北京：中国轻工业出版社，2025. 7. -- ISBN 978-7
-5184-5262-0

I. TS207. 3-33

中国国家版本馆 CIP 数据核字第 20252BJ223 号

责任编辑：巩孟悦
策划编辑：马　妍　　责任终审：李亦兵　　封面设计：锋尚设计
版式设计：砚祥志远　　责任校对：刘小透　晋　洁　　责任监印：张　可

出版发行：中国轻工业出版社（北京鲁谷东街 5 号，邮编：100040）
印　　刷：三河市万龙印装有限公司
经　　销：各地新华书店
版　　次：2025 年 7 月第 2 版第 1 次印刷
开　　本：787×1092　1/16　印张：11.75
字　　数：271 千字
书　　号：ISBN 978-7-5184-5262-0　定价：35.00 元
邮购电话：010-85119873
发行电话：010-85119832　010-85119912
网　　址：http://www.chlip.com.cn
Email: club@chlip.com.cn

240733J1X201ZBW

PREFACE | 前言（第二版）

《食品分析实验指导》自2016年6月出版以来，受到国内同行、学生和相关技术人员的关注与喜爱，同时也是社会各界对该教材质量、编者水平的认可与肯定。教材出版至今已9年有余，教材内容涉及的领域出现了新方法和新应用。此外，随着信息技术在教育教学领域快速发展，将信息技术与课堂教学深度融合已成为必然趋势。

为适应新时期新背景下高等学校食品相关专业人才培养的需求，我们在第一版的基础上对教材进行修订。《食品分析实验指导》（第二版）仍然保持第一版教材的特色，内容主要包括食品分析实验基础、食品物理性质的测定、食品营养成分的测定、食品功能性成分的测定、食品添加剂的测定、食品中有毒有害物质的测定、综合技能训练实验等。除重点介绍国家标准分析方法和经典实用的分析方法以外，还融入国内外食品分析检测技术的最新研究成果，如食用合成色素和有机磷农药的快速测定、阳极溶出伏安法测定铅和镉、高效液相色谱-四极杆-静电场轨道阱高分辨质谱法测定杂环胺等分析方法，以期学生在掌握食品分析检测基本实验技能的基础上，能进一步拓展思维，掌握更全面的分析应用技能，了解食品分析检测领域的先进检测技术。此外，本次修订将16个食品分析实验项目的操作视频以二维码形式融入教材，以满足不同层次、不同学时的使用需求。

本教材由仲恺农业工程学院赵晓娟、黄桂颖担任主编，仲恺农业工程学院董浩、陈悦娇担任副主编。编写分工如下：绪论和第一章由仲恺农业工程学院赵晓娟和黄桂颖编写；第二章由仲恺农业工程学院黄桂颖和陈海光编写；第三章由仲恺农业工程学院赵晓娟、陈悦娇、马亚和于辉编写；第四章由仲恺农业工程学院黄桂颖、钱敏和白卫东编写；第五章和第六章由仲恺农业工程学院赵晓娟、陈悦娇和于辉编写；第七章由仲恺农业工程学院董浩、白卫东、赵晓娟、黄桂颖和钱敏编写。全书由仲恺农业工程学院赵晓娟统稿。

本教材可作为高等学校食品科学与工程、食品质量与安全、食品营养与健康等食品相关专业食品分析、食品理化检验课程的实验教材，也可供食品质量监督、食品卫生检验和食品行业等单位的有关技术人员参考或作为培训用书。

在本教材再版之际，向一直支持与关注本教材的广大师生和读者表示衷心的感谢！由于第一版的编者马应丹老师已退休，不再参与第二版教材的编写工作，在此，向马应丹老师和为本教材的出版付出辛勤劳动的各位朋友和所有支持者表示衷心的感谢！

由于编者水平所限，书中难免存在不妥及错误之处，恳请各位同行和读者批评指正。

编者

2025年4月

CONTENTS | 目录

本书数字资源索引

绪　论

一、食品分析实验课程简介

食品分析课程是高等学校食品科学与工程、食品质量与安全和食品营养与健康等专业的专业基础课之一，具有较强的理论性、技术性和实践性。实验教学可以提高学生分析问题和解决问题的能力，培养学生的实际应用能力和创新能力，实验教学的质量直接关系到食品分析课程的整体教学效果，关系到食品相关专业的人才培养质量，因此，实验教学是食品分析课程非常重要的环节。食品分析实验课程的教学目标是使学生掌握食品分析的基本操作、基本技能和基础知识，学会根据检测要求合理选用分析方法对样品进行分析。

二、食品分析实验内容

食品分析实验涉及的检测项目和分析方法种类繁多。为了让学生掌握基本的食品分析操作技能和分析应用技能，了解食品分析检测领域的先进检测技术，本实验课程体系中，主要包括食品物理性质的测定、食品营养成分的测定、食品功能性成分的测定、食品添加剂的测定、食品中有毒有害物质的测定、综合技能训练实验。既有常规检测项目，也有功能性蛋白质和多肽等功能性成分以及食品中有毒有害物质、氨基甲酸乙酯、三聚氰胺、“瘦肉精”等检测项目；既有腊肠和黄酒等的综合分析实验，又有气相色谱-嗅觉风味测量法（GC-O）与低场核磁共振水分测定法等先进分析方法。食品分析实验主要内容如下：

（一）食品物理性质的测定

食品的物理性质主要包括食品的力学性质、光学性质、热学性质和电学性质等。这些物理性质与食品的组成成分和含量，以及食品的质量密切相关。密度、流变性、质构特性、色泽、酒精度和糖度等物理性质及指标的测定，通常可作为食品生产加工的控制指标和品质优劣的衡量指标。

（二）食品营养成分的测定

食品营养成分的测定主要包括对水分、蛋白质和氨基酸、脂肪、碳水化合物、矿物元素和维生素六种营养要素，以及酸度的检测。分析方法既包括经典的容量法和重量法，也有原子吸收法、荧光分光光度法、色谱法和凯氏定氮仪法等现代仪器分析方法。对某种成分采用不同的分析方法进行测定，可以了解各种分析方法的特点和适用范围；对各种食品的营养成分进行分析测定，可为科学选择和搭配食品提供可靠的依据，并可用于食品品质的监控与评价。

（三）食品功能性成分的测定

随着人们生活水平和健康意识的提高，近年来功能性食品行业发展迅速。功能性食品中功能活性成分的测定是功能性食品生产和管理的重要环节，同时对功能性食品的标准化和科学化发展具有积极的促进作用。此外，许多水果和蔬菜中含有多糖、多酚和黄酮等天然功能性成分。对果蔬等食品中天然功能性成分的分析测定，有助于人们认识和评价该类食品的营养保健功能，提取更多的天然功能活性物质，开发新型功能性食品。

（四）食品添加剂的测定

食品添加剂是食品生产中为改善食品品质和色、香、味以及为防腐、保鲜和加工工艺的需要而加入食品中的人工合成或者天然物质。按照国家标准规定的食品添加剂品种、使用范围和使用量正确使用，食品添加剂的安全性是有保障的。但是如果超范围和（或）超限量使用，或在生产、加工和销售等环节重复添加，将引起食品安全问题，危害人们的身体健康。对食品中的甜味剂、防腐剂、抗氧化剂、发色剂、漂白剂和食用合成色素进行分析测定，了解食品添加剂的使用情况，从监督层面进一步保障食品安全。

（五）食品中有毒有害物质的测定

《中华人民共和国食品安全法》对食品安全的定义是：食品无毒、无害，符合应当有的营养要求，对人体健康不造成任何急性、亚急性或者慢性危害。可见，无毒、无害是食品安全的基本要求，但食品从原料到生产、加工、包装和流通等各个环节中，都有可能本身存在或产生、引入一些对人体有毒有害的物质。对食品中的农药（氨基甲酸酯类、拟除虫菊酯类、有机氯和有机磷农药）残留、兽药（土霉素、四环素、金霉素、己烯雌酚）残留、有害重金属（镉、砷、汞）、酒中甲醇、三聚氰胺、“瘦肉精”和黄曲霉毒素 B_1 进行分析测定，对评价食品安全性具有重要意义。

（六）综合技能训练实验

经过前面各个单元模块的实验训练，学生已经初步掌握了食品分析的基本操作技能。本教材的最后模块对地方特色食品，如腊肠、黄酒、香精和酱油四类产品的分析检测项目进行总述，同时融入了食品分析检测技术的最新研究成果，如气相色谱-质谱法测定氨基甲酸乙酯、低场核磁共振法测定水分、气相色谱-嗅觉测量法（GC-O）测定香味活性化合物。通过对这四类产品的全面、综合分析，进一步提高学生的实际分析应用技能，使学生了解食品分析检测领域的先进检测技术，初步获得独立开展科学研究的能力。

第一章

01

食品分析实验基础

第一节 样品的采集与处理

一、样品的采集

从原料或产品的总体（通常指大量的分析对象）中抽取有代表性的一部分作为分析样品的过程，称为样品的采集，简称采样。

采样是分析中最基础的工作。除要求具有代表性外，采样应满足分析的精度要求。由于食品材料的均匀性差，食品分析中采样和制样带来的误差往往大于后续测定带来的误差。因此，应严格地按照采样和制样的各项要求，认真完成采样和制样工作。

（一）采样的方法

采样一般分为随机抽样和代表性取样。

随机抽样是随机从物料总体的各个部分抽取部分样品。代表性取样是用系统抽样法采集能代表物料各部分组成和质量的样品。

随机抽样可以避免主观倾向造成的抽样偏差，但是该法不适用于不均匀样品。对于不均匀样品，采样时还必须结合代表性取样。

具体的取样方法，因分析对象的不同而异。液体样品的取样位点一般设在储液的上、中、下三层和管道口附近。固体食物的取样位点应设在食物整体的不同平面和位置，如在粮仓中取样，取样位点设在粮堆的上、中、下、角、心、面、左、中、右、前、后等各点；在大袋子里取粒状食物样品，应在表面以梅花点均匀定位后，再在上、中、下层取样；果蔬样品采样时，一般先随机采集若干个单独个体，然后按照一定的方法对所采集的个体进行处理。流水作业线上的取样点一般都设在流水线的一定位置，每隔一定时间抽取样品。

（二）采样的一般步骤

采样前一般需要对待检物料进行调查，调查的项目包括：物料来源、种类、批次、生产日期、保质期、总量、包装堆积形式、运输情况、贮藏条件及时间、挥发损失、污染情况等。如果是外地运来的商品，还应审查其货运单、质量检查证及质检报告单、卫生检验合格证及卫生检验报告单、港口或海关签发的通关证明和相关检验报告等。

根据待检物料的特点和地点，确定采样方法，做好采样准备（包括保存和运输的准备），按选择的方法取好检样并贴好标签后运回分析室。运达分析室后，立即按一定方法将检样均匀混合，得到原始样品。原始样品按一定方法被缩分后得到平均样品。平均样品被均分为三份：一份分析用，称为检验样品；另一份复查用，称为复检样品；第三份作为备份，称为保留样品。

采样时应对采样过程中的各种相关情况予以记录。采样完毕时，应在专用的工作记录本上进行正规记录，内容包括：样品来源和种类、产品批号、包装情况、采样条件和数量、采样人、采样日期、样品编号、分析项目等。

（三）缩分

原始样品的缩分方法依样品种类和特点的不同而异。

颗粒状样品可采用四分法进行缩分，即将样品混匀后堆成一圆锥，从正中画十字将其四等分，或者将样品铺成一正方形，连接对角线画十字将其四等分，然后将对角的两份取出后，重新混匀，继续按前面的方法缩分至得到需要量的平均样品。

液体样品的缩分，一般是将原始样品搅匀或摇匀，直接量取需要量即可。易挥发液体，应始终装在加盖容器内，缩分时可用虹吸法转移液体；易分层又易挥发的液体，缩分时可用虹吸法从上、中、下三层中平均转移一份液体。

水果、蔬菜、动物性食品的个体大小不一，且个体不宜过早切开，其检验样品、复检样品和保留样品可以分别直接从尚未混合的原始分样，按各份检样占总采样量的质量分数随机抽取，即将各检样按个体大小分为三份，然后再分别混合。其中的检验样品由于立即就可用于分析，混合后就可去掉皮、核、蒂、根、骨等不可食用部分，然后切成小块、小片甚至打浆后混匀再来缩分。

二、样品的前处理

食品样品种类繁多、组成复杂，往往由于杂质（或其他组分）的干扰，使检验者对被测组分的存在和含量不能进行准确判断，从而无法达到定性定量的目的。

为了保证检验工作的顺利进行，在样品测定之前，首先需要对样品进行前处理，消除杂质的干扰，或者对被测组分进行浓缩处理。样品经前处理后，应当立即进行分析。根据测定需要和样品的组成及性质，可采用不同的前处理方法。常用的方法有以下几种：

（一）有机物破坏法

食品中的无机元素，常与蛋白质等有机物质结合成为难溶的或难离解的有机金属化合物。要测定这些无机元素的含量，需要在测定前采用高温或强氧化条件破坏有机结合体，释放出被测组分。

有机物破坏法可分为干法灰化法和湿法消化法两大类。

1. 干法灰化法

将样品置于坩埚中，小心进行炭化，然后在500~600℃高温灼烧至灰分中无炭粒存在并且达到恒重为止。

干法灰化法的优点是有机物分解彻底、操作简便、使用试剂少、空白值低，但此法所需时间长，而且由于温度高易造成某些易挥发元素的损失。

2. 湿法消化法

向样品中加入强氧化剂，并加热消化，使样品中的有机物质完全分解、氧化，呈气态逸出，待测成分转化为无机状态存在于消化液中，供测试用。常用的强氧化剂有浓硝酸、浓硫酸、高氯酸、高锰酸钾、过氧化氢等。

湿法消化的优点是有机物分解快、所需时间短，由于加热温度较干法灰化低，故可减少金属挥发的损失。但在消化过程中，常产生大量有害气体，因此操作过程需在通风橱内进行。试剂用量较大，空白值高，因此湿法消化时必须做空白实验。

（二）溶剂提取法

在同一溶剂中，不同的物质具有不同的溶解度。溶剂提取法利用样品各组分在某一溶剂中溶解度的差异，将不同组分完全或部分地分离。

根据待测样品的物理状态，溶剂提取法主要分为浸提法和萃取法。

1. 浸提法

浸提法是用适当的溶剂浸泡固体样品，把样品中的某种待测组分提取出来。提取方法有以下几类：

（1）振荡浸渍法　将样品切碎，放在合适的溶剂系统中浸渍、振荡一定时间，即可从样品中提取出待测组分。此法简便易行，但回收率较低。

（2）捣碎法　将切碎的样品放入捣碎机中，加溶剂捣碎一定时间，使待测组分提取出来。此法回收率较高，但干扰杂质溶出较多。

（3）索氏提取法　将一定量样品放入索氏提取器中，加入溶剂加热回流一定时间，将待测组分提取出来。此法溶剂用量少、提取完全、回收率高。

2. 萃取法

萃取法是利用某组分在两种互不相溶的溶剂中分配系数的不同，使其从一种溶剂转移到另一种溶剂中，而与其他组分分离。

萃取通常在分液漏斗中进行，一般需经 4~5 次萃取，才能达到完全分离的目的。当用较水轻的溶剂，从水溶液中提取分配系数小，或振荡后易乳化的物质时，采用连续液液萃取器会得到更好的萃取效果。

超临界二氧化碳萃取技术在香精油、保健成分和其他天然有机成分的提取方面得到了越来越多的应用，该法无溶剂残留、萃取效率高。

（三）蒸馏法

蒸馏法是利用液体混合物中各组分挥发度的不同进行分离的。可用于将干扰组分蒸馏除去，也可用于将待测组分蒸馏逸出，收集馏出液进行分析。

具体的蒸馏方式，因样品中待测组分性质的不同而异。如果待测组分耐高温，可采用常压蒸馏；如果待测组分不耐高温，则需采用减压蒸馏或水蒸气蒸馏的方式。

（四）沉淀法

沉淀法是利用被测物质或杂质能与试剂生成沉淀的反应，经过滤等操作，使待测组分同杂质分离。例如，测定食盐中硫酸盐含量时，可向样品溶液中加入氯化钡试剂，其与硫酸根反应生成硫酸钡沉淀，用重量法称出硫酸钡的质量后，再换算成食盐中硫酸盐的含量。

在食品分析中，通常用沉淀法去除溶液中的蛋白质。常用的蛋白质沉淀方法有以下三种：

1. 盐析法

盐析法是在溶液中加入一定量的氯化钠或硫酸铵，使蛋白质沉淀。

2. 有机溶剂沉淀法

有机溶剂沉淀法是在溶液中加入一定量的乙醇或丙酮等有机溶剂，使蛋白质和多糖沉淀。

3. 等电点沉淀法

蛋白质的荷电状况与溶液的 pH 密切相关，当 pH 达到蛋白质的等电点时，蛋白质就可能因失去电荷而沉淀。

（五）透析法

透析法是利用待测组分分子在溶液中能通过透析膜，而高分子杂质不能通过透析膜的原理进行分离。

透析膜是一种半透膜，如玻璃纸、肠衣和人造的商品透析袋，其膜孔有大小之分。为了使透析成功，必须根据所分离组分的分子颗粒大小，选择合适膜孔的透析袋。将样品液装入袋中，扎好袋口悬于盛有适当溶液的烧杯中进行透析，为了加速透析进行，操作时可以搅拌或适当加温。待小分子达到透析平衡后，将透析袋转入另一份同样的溶液中继续透析，如此反复透析，直到小分子全部转移到透析液中，合并透析液并进行浓缩。

（六）色谱法

色谱法是一种在载体上进行物质分离的一系列方法的总称。由于各组分在固定相和流动相两相间分配系数、吸附能力、亲和力、离子交换或排阻作用存在差异，各组分在固定相中的滞留时间不同，从而先后从固定相中流出。根据分离原理的不同，可分为吸附色谱法、分配色谱法、离子交换色谱法和凝胶排阻色谱法等。

第二节　数据分析与处理方法

一、数据分析方法

食品分析方法主要有感官分析法、物理分析法、化学分析法、生物学分析法以及仪器分析法。感官分析法是通过视觉、味觉、嗅觉和触觉对食品进行鉴定的重要分析方法。物理分析法是指对产品物理性质的分析，包括相对密度法、折光法、旋光法、食品物性分析法等。化学分析法是建立在食品中某些化合物的特征化学反应基础上的，有重量法和容量法两大类。生物学分析法是利用生化反应进行物质定性定量分析，常用的有酶联免疫分析和速测试纸等。仪器分析法是近年来最常用的方法之一，依据化合物的光学、电化学等物理性质或者物理化学性质对食品组分进行定量分析，一般分为光学分析法、电化学分析法和色谱分析法等。

通过上述食品分析方法对样品进行测定，尤其是使用先进的仪器分析技术进行分析测定后，会获得一系列实验数据，这时就需要对数据进行分析和处理。在食品研发与分析领域，越来越广泛地采用统计学的方法来分析和处理各种实验数据，尤其是在香精香料分析中的应用最为突出。通过计算机软件或者特定的计算方法突出了仪器分析结果的特征性，以及得到感官分析法与仪器分析法结果的相关性。

对香精香料分析中常用的数据分析方法简介如下：

（一）主成分分析

主成分分析（Principal Component Analysis，PCA）是将多个变量通过线性变换以选出较少个重要变量的一种多元统计分析方法。可以用 IBM SPSS Statistics 软件来实现。PCA 用于对同一食品测出的多种香气成分的主成分分析。首先对香气物质建立矩阵，剔除最小特征值的主成分中对应的最大特征向量变量，一次剔除一个变量，对剩下的变量进行 PCA，取前几个累计方差贡献率接近 100%的主成分用于该食品香气质量的评价。

（二）偏最小二乘回归法

偏最小二乘回归法（Partial Least Squares Regression，PLSR）是 XLSTAT 软件的一个分析方法，可对感官分析和仪器检测挥发性香气成分结果进行相关性分析。把双方结果数据建立 PLSR 模型的相关性载荷图，可以区分样品的主要感官香气属性及化合物。

（三）热图

热图（Heat Map）是把数据转化成颜色的一种画图的方法，可以用 R 软件绘制。当比较大量样品的挥发性物质时，热图可以直观地显示挥发性物质品种间及具体成分含量的差异。

（四）新复极差法

新复极差法（Duncan）是 SAS 软件中用于多重比较差异性分析的方法。通过 Duncan 筛选出不同品种的食品香气中差异性较大的香气化合物，从而找到各品种的特征香气成分。

（五）方差分析

方差分析（Analysis of Variance，ANOVA）又称“变异数分析”或“F 检验”，是 R. A. Fisher 发明的，用于两个及两个以上样本均数差别的显著性检验。用 ANOVA 对不同食品的感官分析数据进行处理后，获得食品的特征气味。

（六）香气提取物稀释分析法

香气提取物稀释分析法（Aroma Extraction Dilution Analysis，AEDA）是气相色谱-嗅辨仪法测香气成分的常用分析法。把样品不断稀释进样，直到闻香师在特定的时间里无法从嗅辨仪中辨识到气体香味为止，计算其香气稀释因子（Flavor Dilution Factor，FD）值，进而判断该香气成分对食品香气的贡献。

（七）香气活性值分析

香气活性值分析（Odor Activity Value，OVA）是香气化合物浓度与阈值的比值，是应用内标法对主要气味活性化合物的气味活度值进行计算的方法。

二、数据处理方法

计算机软件在食品分析数据处理中的应用非常广泛，常用的数据处理软件简介如下：

（一）Excel

Microsoft Excel 是微软公司的办公软件 Microsoft office 的组件之一，是由 Microsoft 为 Windows 和 Apple Macintosh 操作系统的电脑而编写和运行的一款试算表软件，可以进行各种数据的处理和统计分析。食品分析实验中的标准曲线、误差、偏差、方差、精密度、准确度、回收率、灵敏度和检测限等指标均可以通过该软件的运行而获得。前述“数据分析方法”中提到的 XLSTAT 就是 Excel 的一个数据分析与统计插件。Excel 在食品分析中应用广泛、使用简单，但该软件在绘图的精度方面有待提高。

（二）Origin

Origin 是一款专业的制图软件与数据分析软件，由 Origin Lab 公司制作发布。Origin 8.0 能够满足一般用户的制图需求，如完成线图、散点图、点线图、直方图、饼图，还能完成雷达图、三维图等。而且还能支持高级用户的数据分析与函数拟合。这款软件适用于食品分析中不规则或高精度图的制作。

（三）SPSS

SPSS（Statistical Product and Service Solutions），即统计产品与服务解决方案软件，为 IBM 公司推出的一系列用于统计学分析运算、数据挖掘、预测分析和决策支持任务的软件产品及相关服务的总称。其在食品分析中的应用主要是在统计分析和图表分析方面，功能包括均值比较、一般线性模型、相关分析、回归分析、多重响应等。前述“数据分析方法”中的 PCA 就是 SPSS 的一个功能。SPSS 的难度不在于其软件的应用，而是方法的选择，如何选择合适实验设计用的 SPSS 是需要考量的。

（四）SAS

SAS（Statistical Analysis System）是一个模块化、集成化的大型统计分析应用软件系统。在食品分析里的应用与 SPSS 相似。前述“数据分析方法”中的 Duncan 就是 SAS 的一个功能。另外，值得一提的是 SAS/GHAPH，可将数据及其包含着的深层信息以多种图形生动地呈现出来，如直方图、散点相关图、曲线图、三维曲面图等在食品分析中有着较好的应用。

（五）MATLAB

MATLAB 是美国 MathWorks 公司出品的商业数学软件，用于算法开发、数据可视化、数据分析以及数值计算的高级技术计算语言和交互式环境，主要包括 MATLAB 和 Simulink 两大部分。MATLAB 在食品分析中的应用不广泛，只用于特定的分析中，一般用于食品物性或生物学研究图像输出处理。

（六）单一功能软件

单一功能软件简便快捷，适用于某项食品分析实验的结果分析。方差计算器软件是用 Visual C++ 6.0 编写的一个用于计算方差的程序，输入数据后，平均数、标准差和方差都能很快计算出来。统计计算软件用于计算标准偏差、相对平均偏差及相对标准偏差，在软件上方的方框中输入数据，数据之间用空格隔开即可，软件的操作非常简单方便。

思考题

1. 什么是随机抽样和代表性取样？果蔬样品应如何取样？
2. 样品前处理有哪些常用的方法？
3. 干法灰化法和湿法消化法分别有什么优点和缺点？

第二章

02

食品物理性质的测定

第一节　密度的测定

一、密度瓶法

(一) 实验目的

(1) 了解食品密度的测定意义。

(2) 掌握用密度瓶法测定食品密度的原理和方法。

(二) 实验原理

密度瓶是测定液体相对密度的专用精密仪器，其种类和规格有多种，常用的有带毛细管的普通密度瓶和带温度计的精密密度瓶。

密度瓶具有一定的容积，20℃时用同一密度瓶分别称量等体积的试样及水的质量，两者的比值即为试样的相对密度。由水的质量确定密度瓶的容积即试样的体积，根据试样的质量及体积可计算密度。

(三) 材料和试剂

1. 材料

食品样品。

2. 试剂

乙醇、乙醚、蒸馏水。

(四) 仪器和设备

密度瓶、水浴锅、温度计、分析天平。

(五) 测定步骤

把密度瓶用自来水洗净，依次用乙醇、乙醚洗涤，烘干、冷却后精密测量。装满待测试样，盖上瓶盖，置于20℃水浴中浸0.5h，使内容物的温度达到20℃，用细滤纸条吸去支管标线以上的试样，盖好小帽后取出，用滤纸将密度瓶外擦干，置于天平上称重。再将试样倒出，洗净密度瓶，装入煮沸30min并冷却至20℃以下的蒸馏水，方法同上再次称重，测出同体积20℃蒸馏水的质量。

（六）结果计算

待测试样相对密度的计算公式：

$$d_{20}^{20} = \frac{m_2 - m_0}{m_1 - m_0} \tag{2-1}$$

式中　d_{20}^{20}——待测试样在20℃时对20℃水的相对密度；

m_0——密度瓶的质量，g；

m_1——密度瓶加水的质量，g；

m_2——密度瓶加液体试样的质量，g。

$$d_4^{20} = d_{20}^{20} \times 0.99823 \tag{2-2}$$

式中　d_4^{20}——待测试样在20℃时对4℃水的相对密度；

d_{20}^{20}——同式（2-1）；

0.99823——20℃时水的密度，g/cm³。

（七）说明及注意事项

（1）本方法适用于测定各种液体食品的相对密度，特别适合于样品量较少的场合，对挥发性样品也适用，结果准确，但操作较烦琐。

（2）测定黏稠样液时，宜使用具有毛细管的密度瓶。

（3）水及样品必须装满密度瓶，瓶内不得有气泡。

（4）天平室温度不得高于20℃，以免液体膨胀流出。

二、密度计法

（一）实验目的

（1）了解食品密度的测定意义。

（2）掌握用密度计法测定食品密度的原理和方法。

（二）实验原理

密度计是根据阿基米德原理制成的，即浸在液体里的物体受到向上的浮力，浮力大小等于物质排开液体的质量。密度计的质量是一定的，而液体密度越大，密度计就浮得越高。因此，从密度计上的刻度可以直接读取相对密度的数值或某种溶质的质量分数。

（三）材料和试剂

糖浆、牛乳等食品。

（四）仪器和设备

相对密度计、专用相对密度计（如波美密度计、糖锤度计、乳稠计等）。

（五）测定步骤

将被测试样沿筒壁缓缓注入量筒中，注意避免起泡，用温度计测量样液的温度。将所选用的相对密度计（或专用密度计）洗净擦干，缓缓放入盛有待测液体试样的量筒中，不能碰到容器四周及底部，保持试样温度在20℃，待其静止后，再轻轻按下少许，然后使其自然上升，静止至无气泡冒出后，从水平位观察与液面相交处的刻度，即为试样的相对密度（或专用密度计读数）。如果待测温度不是20℃，应对测得值加以校正。

（六）结果计算

根据测定的密度计读数和溶液的温度，换算为相应的相对密度或溶质的质量分数。

用乳稠计测定牛乳密度时，乳稠计按其标度方法不同分为两种，一种是按20°/4°标定的，另一种是按15°/15°标定的。两者的关系是：后者读数是前者读数加0.002，即 $d_{15}^{15}=d_4^{20}+0.002$。

对于20°/4°乳稠计，在10~25℃，温度每升高1℃，乳稠计读数平均下降0.2°，即相当于相对密度值平均减少0.0002。因此当乳温高于标准温度20℃时，每高1℃应在得出的乳稠计读数上加0.2°，乳温低于20℃时，每低1℃应减去0.2°。

【例】18℃时20°/4°乳稠计读数为30°，换算为20℃应为：

$$30° - (20° - 18°) \times 0.2° = 30° - 0.4° = 29.6°$$

即牛乳的相对密度 $d_4^{20}=1.0296$，而 $d_{15}^{15}=1.0296+0.002=1.0316$。

（七）说明及注意事项

（1）应根据被测试样的相对密度大小选择合适刻度范围的相对密度计，量筒的选取要根据密度计的长度确定。

（2）量筒应放在水平台面上，操作时应注意不要让密度计接触量筒壁及底部，待测液中不得有气泡。

（3）读数时应以密度计与液面形成的弯月面下缘为准。若液体颜色较深，不易看清弯月面下缘时，则以弯月面上缘为准。

（4）使用密度计时要轻拿轻放，非垂直状态下或倒立时不能用手持尾部，以免折断密度计。

（5）密度计法操作简便，但准确性较差，需要试液量多，且不适用于极易挥发的样液。

第二节　旋转流变性的测定

（一）实验目的

（1）了解流变仪的使用原理。

（2）掌握流体食品流变性的测定步骤。

（二）实验原理

博立飞旋转流变仪测定相当广范围的液体黏度，黏度范围与转子的大小和形状以及转速有关。因为，对应于一个特定的转子，在流体中转动而产生的扭转力一定的情况下，流体的实际黏度与转子的转速成反比，而剪切应力与转子的形状和大小均有关系。对于一个黏度已知的液体，弹簧的扭转角会随着转子转动的速度和转子几何尺寸的增加而增加，所以在测定低黏度液体时，使用大体积的转子和高转速组合，相反，测定高黏度的液体时，则用细小转子和低转速组合。

本实验通过对不同浓度稳定剂羧甲基纤维素钠（CMC-Na）溶液与添加CMC-Na的酸乳进行流变性的检测，从而获得两者的流变性特征与联系。

（三）材料和试剂

1. 材料

添加了CMC-Na作为稳定剂的酸乳。

2. 试剂

CMC-Na 溶液：把 CMC-Na 加入蒸馏水中煮沸溶解，配制成 2g/L、4g/L、6g/L、8g/L、10g/L、12g/L 的 CMC-Na 溶液。

（四）仪器和设备

博立飞 DV-Ⅲ+流变仪。

（五）测定步骤

1. 仪器准备

博立飞 DV-Ⅲ+流变仪的使用包括转子校正、转子信息、程序设置与使用、结果与绘图四个部分。首先拆卸转子对仪器进行校正，仪器正常后，对流体做初步的判断，选择正确的转子。转子或即将设置的转速使扭矩读数在 10%~100%。

2. 样品检测

将选择的转子浸入样品中至转子杆上的凹槽刻痕处。如果是碟形转子，注意要以一个角度倾斜地浸入样品中以避免因产生气泡而影响测试结果。用“SELECT SPINDLE”键和数字键输入转子编号。按数字键和“ENTER”键输入转速。测量开始，等读数稳定下来，可以记录扭矩、黏度值、剪切应力或剪切率。当更换转子或样品时，要按“MOTOR ON/OFF/ESCAPE”键使电机关闭。

在 10℃变化范围内，测定 CMC-Na 溶液与不同酸乳在各种转速下的黏度-温度关系，绘制曲线。

测量完毕取下转子，然后清洗干净，放回装转子的盒中。

（六）说明及注意事项

（1）将转子旋拧连接到流变仪的连接头上，注意它是左手螺旋线方向。在连接转子时要注意保护黏度计的连接头，并用一只手轻轻提起它。转子的螺帽和流变仪的螺纹连接头要保持光滑和清洁，以避免转子转动不正常。可以通过转子螺帽上的数字识别转子的型号。

（2）影响液态食品黏度的因素

①温度的影响：一般情况下，液体的黏度是温度的函数。温度每上升 1℃，黏度减小 5%~10%。对于非牛顿流体，黏度和转速有关。测定各种转速下的黏度-温度关系，就会得到倾角不同的平行线。

②分散相的影响：分散相的浓度，颗粒的布朗运动，以及颗粒的大小、分布和形状都会影响黏度。

③分散介质的影响：对乳浊液黏度影响最大的是分散介质本身的黏度。与分散介质黏度有关的影响因素主要是其本身的流变性质、化学组分、极性、粒子间流动的影响。

④乳化剂的影响：为了调整液态食品的流动性、形态与口感，往往对分散介质添加稳定剂。稳定剂可以使牛顿流体变成非牛顿流体。

（3）流变仪所显示的数值会因所选择的计算单位（CGS 或 SI）而异。

①黏度：可以显示 cP 或 mPa · s 值。

②扭矩：以最大弹簧扭矩的百分比表示。

③剪切应力：单位为 $dyne/cm^2$ 或 Pa。

④剪切率：1/s。

第三节　质构特性的测定

(一) 实验目的

(1) 了解质构仪的使用原理。

(2) 掌握质构仪法判断香肠优劣的测定步骤。

(二) 实验原理

质构仪由主机、力量感应元、探头和计算机组成。质构仪可以产生需要的拉伸或压缩力量来测试食品质构性。在测试过程中通过电子器件控制动力源，并且由计算机控制质构仪的操作，实时传输数据绘制检测过程曲线，对有效数据进行分析计算，并可将多组实验数据进行分析比较，获得有效的物性分析结果。测试前，操作人员根据样品需要，选择合适的力量感应元、探头，以及编写或者调用检测程序。

质构仪具有多种力量感应元：10N、25N、50N、100N、250N和500N转换器件。通过力量转换器件，可以改变检测量程范围。如香肠的检测可以选用50N的力量感应元。

常用的质构仪分析程序为质地剖面分析（Texture Profile Analysis，TPA），即两次咀嚼测试。经典TPA图（图2-1）对TPA质构特性参数进行了明确定义。质构仪探头模拟人口腔的咀嚼运动，对样品进行两次压缩，获得质构特性参数：硬度、黏着性、弹性、黏聚性、胶着性、咀嚼性、回复性。该测定可以综合评价食品的质地特性，在一定程度上减少感官评价中主观因素带来的评价误差，已成为食品行业中多类产品质地特性的通用测试方法。

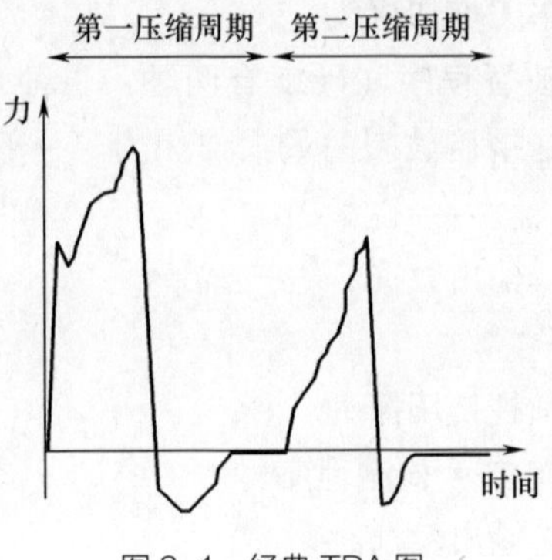

图2-1　经典TPA图

本实验通过圆柱挤压、单刀剪切等实验区分优劣香肠。优质香肠的肉质均匀，具有良好的剪切性、延展性和弹性；而绝大部分劣质香肠，添加了淀粉，其硬度高于优质香肠，但其剪切性、弹性和延展性明显差于优质香肠。食用咀嚼时口感很差，有碎的“颗粒”的感觉。

(三) 材料和试剂

优质香肠、劣质香肠。

(四) 仪器和设备

TMS-Pro专业级食品物性分析仪，其探头的选择见表2-1。

表 2-1 探头的选择

探头名称	适用范围	外形图
单刀剪切探头	通过剪切、切割样品来分析样品切断力、屈服点、切割做功、黏附力等，从而分析样品的嫩度、硬度、黏附性、韧性等。不同刀型适合不同类型的样品分析	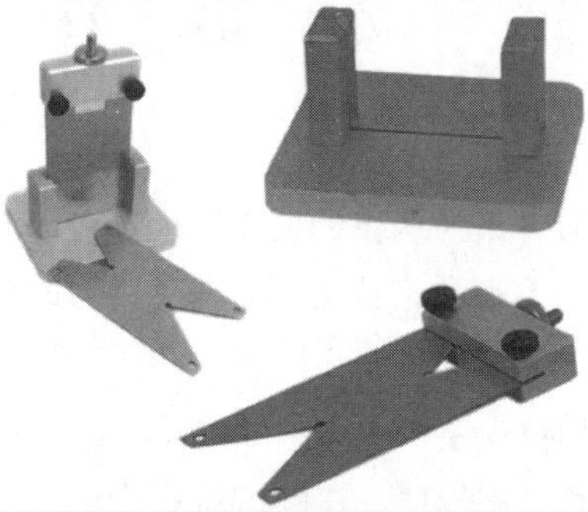
圆柱挤压探头	检测样品的弹性、疏松度、黏度、挤压硬度等	

（五）测定步骤

1. 香肠的硬度测定

（1）在力量感应元上安装单刀剪切探头。

（2）选择程序　一次挤压破裂程序（硬度有两种：一种是下压一段距离受到的作用力，此时样品不一定破损；另一种是挤压破裂的最大作用力。一般情况下，后者大于或者等于前者，常规的食品硬度指后者）。

（3）执行程序，检测样品，输出数据。

2. 香肠的弹性测定

（1）在力量感应元上安装圆柱挤压探头。

（2）选择程序　可恢复形变 TPA 检测程序。

（3）执行程序，检测样品，输出数据。

（六）结果计算

（1）硬度　食品不可恢复形变的峰值（g），由测定时的输出数据得到。

（2）弹性　在第一次循环结束后到第二次循环开始前食品恢复的高度（mm），由测定时的输出数据得到。

（七）说明及注意事项

香肠的侧面和横截面的质构性质不一样，请选择统一的检测表面，并对其进行 3 次以上的检测取平均值。

第四节 色泽的测定

（一）实验目的

（1）学习色差仪的使用原理。

（2）掌握色差仪测定果蔬色泽的操作方法。

（二）实验原理

果蔬的色泽是果蔬成熟度、新鲜度以及部分功能成分含量的重要指标之一。测量果蔬色泽的方法有目视比色法和仪器测定法。相对于目测法，色差仪被用于果蔬的色度测定，能提供更客观和量化的色度数据，有利于数据的保存、延伸及标准的制定。

手持式色差仪可以自动比较标准品与待测品之间的颜色差异。每个样品在测定后都会输出 L^*（亮度或黑白值）、a^*（红绿值）、b^*（黄蓝值）三组数据，但只有与标准值对比后才会显示 ΔE（总色差）、ΔL（黑白色差）、Δa（红绿色差）、Δb（黄蓝色差）四组色差数据。

（三）材料和试剂

番茄。

（四）仪器和设备

CR-400 色差仪。

（五）测定步骤

1. 仪器校正

垂直把探头放在白色校正板正中间，确认校正。

2. 样品的测定

（1）设置标准值　在标准模式下，对三个不同成熟度的番茄的色度进行检测并设置为标准值。

（2）目标值与目标值相对于标准值的色差　分别选择三个标准值，对市售番茄色度色差进行测定。通过目标值相对于标准值的色差得以考量市售番茄的成熟度。

（六）说明及注意事项

（1）使用前确认校正板的颜色是否正常。

（2）每隔一段时间要对色差仪进行校正。

（3）液体食品或有透明感的食品，在用光照射时，有反射光和一部分透射光，因此，使用色差仪的测定值往往会与眼睛的判断结果产生差异。

（4）固体食品要选择好测试部位，以免颜色差异大。

第五节　酒精度的测定

一、密度瓶法

（一）实验目的

（1）了解食品酒精度的测定意义。

（2）掌握用蒸馏法测定食品酒精度的原理和方法。

（二）实验原理

以蒸馏法去除样品中的不挥发性物质，用密度瓶法测定样品（酒精水溶液）20℃时的密度。根据酒精水溶液密度与乙醇浓度（酒精度）对照表（20℃），求得样品在20℃时的乙醇浓度（酒精度），用%（体积分数）表示。

（三）材料和试剂

果酒、黄酒等酒类食品。

（四）仪器和设备

分析天平、全玻璃蒸馏器（500mL）、恒温水浴锅、密度瓶（25mL或50mL）等。

（五）测定步骤

1. 试样的制备

用一洁净、干燥的100mL容量瓶准确量取100mL样品（液温20℃）于500mL蒸馏瓶中，用50mL水分三次冲洗容量瓶，洗液全部并入蒸馏瓶中，再加几颗玻璃珠，连接冷凝器，以取样用的原容量瓶作接收器（外加冰浴）。开启冷却水，缓慢加热蒸馏。收集馏出液接近刻度，取下容量瓶，塞好瓶塞。于（20.0±0.1）℃水浴中保温30min，补加水至刻度，混匀，备用。

2. 蒸馏水质量的测定

（1）将密度瓶洗净并干燥，带温度计和侧孔罩称量。重复干燥和称量，直至恒重（m）。

（2）取下温度计，将煮沸冷却至15℃左右的蒸馏水注满恒重的密度瓶，插上温度计，瓶中不得有气泡。将密度瓶浸入（20.0±0.1）℃的恒温水浴中，待内容物温度达20℃，并保持10min不变后，用滤纸吸去侧管溢出的液体，使侧管中的液面与侧管管口齐平，立即盖好侧孔罩，取出密度瓶，用滤纸擦干瓶壁上的水，立即称量（m_1）。

3. 试样质量的测量

将密度瓶中的水倒出，用试样反复冲洗密度瓶3~5次，然后装满，按上述步骤同样操作，称量（m_2）。

（六）结果计算

样品在20℃时的密度计算公式：

$$\rho_{20}^{20} = \frac{m_2 - m + A}{m_1 - m + A} \times \rho_0 \qquad (2-3)$$

式中　ρ_{20}^{20}——样品在20℃时的密度，g/L；

　　m——密度瓶的质量，g；

m_1——20℃时密度瓶与水的质量，g；

m_2——20℃时密度瓶与试样的质量，g；

ρ_0——20℃时蒸馏水的密度，998.20g/L；

A——空气浮力校正值。

空气浮力校正值计算公式：

$$A = \rho_a \times \frac{m_1 - m}{997.0} \tag{2-4}$$

式中　A、m、m_1——同式（2-3）；

ρ_a——干燥空气在20℃、101.325kPa时的密度值（≈1.2g/L）；

997.0——20℃时蒸馏水与干燥空气密度值之差，g/L。

根据试样的密度ρ_{20}^{20}，查酒精水溶液密度与乙醇浓度（酒精度）对照表（20℃），求得酒精度。

（七）说明及注意事项

酒精水溶液密度与乙醇浓度（酒精度）对照表（20℃）参考GB 5009.225—2023《食品安全国家标准　酒和食用酒精中乙醇浓度的测定》中的附录A。

二、气相色谱法

（一）实验目的

（1）了解食品酒精度的测定意义。

（2）掌握用气相色谱法测定食品酒精度的原理和方法。

（二）实验原理

试样被气化后，随同载气进入色谱柱，利用被测定的各组分在气液两相中具有不同的分配系数，在柱内形成迁移速度的差异而得到分离。分离后的组分先后流出色谱柱，进入氢火焰离子化检测器，根据色谱图上各组分峰的保留时间与标样相对照进行定性，利用峰面积（或峰高），以内标法进行定量。

（三）材料和试剂

1. 材料

果酒、黄酒等酒类食品。

2. 试剂

（1）乙醇　色谱纯，作标样用。

（2）4-甲基-2-戊醇　色谱纯，作内标用。

（3）乙醇标准溶液（A）　取5个100mL容量瓶，分别吸入2.00、3.00、3.50、4.00、4.50mL乙醇，再分别用水定容至100mL。

（4）乙醇标准溶液（B）　取5个10mL容量瓶，分别准确量取10.00mL不同浓度的乙醇标准溶液（A），再各加入0.20mL 4-甲基-2-戊醇，混匀。该溶液用于标准曲线的绘制。

（四）仪器和设备

（1）气相色谱仪　配有氢火焰离子化检测器（FID）。

（2）色谱柱（不锈钢或玻璃）　2m×2mm或3m×3mm，固定相：Chromosorb103，60～80

目。或采用同等分析效果的其他色谱柱。

（3）微量注射器　1μL。

（五）测定步骤

1. 试样的制备

用一洁净、干燥的100mL容量瓶准确量取100mL样品（液温20℃）于500mL蒸馏瓶中，用50mL水分三次冲洗容量瓶，洗液全部并入蒸馏瓶中，再加几颗玻璃珠，连接冷凝器，以取样用的原容量瓶作接收器（外加冰浴）。开启冷却水，缓慢加热蒸馏。收集馏出液接近刻度，取下容量瓶，塞好瓶塞。于（20.0±0.1）℃水浴中保温30min，补加水至刻度，混匀，备用。

将制备的试样稀释4倍（或根据酒精度适当稀释），然后吸取10.00mL于10mL容量瓶中，准确加入0.20mL 4-甲基-2-戊醇，混匀。

2. 色谱条件

柱温：200℃；

气化室和检测器温度：240℃；

载气流量：40mL/min；

氢气流量：40mL/min；

空气流量：500mL/min。

载气、氢气、空气的流速等色谱条件因仪器而异，应通过试验选择最佳操作条件，以内标峰与酒样中其他组分峰可以完全分离为准，并使乙醇在1min左右流出。

3. 标准曲线的绘制

分别吸取不同浓度的乙醇标准溶液（B）0.3μL，快速从进样口注入色谱仪，以标样峰面积和内标峰面积比较，对应酒精浓度做标准曲线（或建立相应的回归方程）。

4. 试样的测定

吸取0.3μL试样按照以上步骤操作。

（六）结果计算

用试样的乙醇峰面积与内标峰的比值查标准曲线得出的值（或用回归方程计算出的值），乘以稀释倍数，即为酒样中的酒精含量，数值以%表示。

三、酒精计法

（一）实验目的

（1）了解食品酒精度的测定意义。

（2）掌握用酒精计法测定食品酒精度的原理和方法。

（二）实验原理

以蒸馏法去除样品中的不挥发物质，用酒精计测得酒精体积分数示值，根据酒精计温度与20℃乙醇浓度（酒精度）换算表进行温度校正，求得20℃时乙醇浓度（酒精度），用%（体积分数）表示。

（三）材料和试剂

果酒、黄酒等酒类食品。

（四）仪器和设备

（1）酒精计　分度值为0.1°。

（2）全玻璃蒸馏器　1000mL。

（五）测定步骤

1. 试样的制备

用一洁净、干燥的500mL容量瓶准确量取500mL（具体取样应按酒精计的要求增减）样品（液温20℃）于蒸馏瓶中，用50mL水分三次冲洗容量瓶，洗液全部并入蒸馏瓶中，再加几颗玻璃珠，连接冷凝器，以取样用的原容量瓶作接收器（外加冰浴）。开启冷却水，缓慢加热蒸馏。收集馏出液接近刻度，取下容量瓶，塞好瓶塞。于（20.0±0.1）℃水浴中保温30min，补加水至刻度，混匀，备用。

2. 试样的测定

将试样倒入洁净、干燥的500mL量筒中，静置数分钟，待其中气泡消失后，放入洗净、干燥的酒精计，再轻轻按一下，不得接触量筒壁，同时插入温度计，平衡5min，水平观测，读取与弯月面相切处的刻度示值，同时记录温度。根据测得的酒精计示值和温度，查酒精计温度与20℃乙醇浓度（酒精度）换算表，换算成20℃时酒精度。

（六）说明及注意事项

酒精计温度与20℃乙醇浓度（酒精度）换算表参考GB 5009.225—2023《食品安全国家标准　酒和食用酒精中乙醇浓度的测定》中的附录B。

第六节　糖度的测定

（一）实验目的

（1）了解食品中糖度的测定意义。

（2）掌握用旋光法测定食品中糖度的原理和方法。

（二）实验原理

偏振光通过某些物质的溶液后，偏振光的振动面将旋转一定的角度，这种现象称为旋光现象，旋转的角度称为该物质的旋光度。通常用旋光仪来测量物质的旋光度，溶液的旋光度与溶液中所含旋光物质的旋光能力、溶剂性质、溶液浓度、液层厚度（即样品管长度）、测定温度及光源的波长有关。对于特定的旋光物质，当温度和波长等条件固定时，旋光度 α 与液层厚度 l 和溶液浓度 c 呈线性关系，即：

$$\alpha = K \times l \times c \tag{2-5}$$

式（2-5）中，系数 K 与物质的旋光能力、溶剂性质、测定温度及光源的波长有关。当液层厚度为1dm，旋光物质的浓度为1g/mL时，所测得的旋光度称为比旋光度，此时系数 K 即等于比旋光度。

通常，物质的旋光能力用比旋光度即旋光率来度量，旋光率的表示公式：

$$[\alpha]_{\lambda}^{t} = \frac{\alpha}{l \times c} \tag{2-6}$$

式中　$[\alpha]_{\lambda}^{t}$——旋光率或比旋光度，右上角的 t 表示测定温度，℃；

λ——旋光仪采用的单色光源的波长，nm；

α——测定的旋光度，（°）；

l——液层厚度（即样品管长度），dm；

c——溶液浓度，g/mL。

如果已知糖溶液浓度 c 和液层厚度 l，只要测出旋光度 α 就可以计算出旋光率；如果已知液层厚度 l 为固定值，改变糖溶液浓度 c，就可测得相应旋光度 α，从而得到旋光度 α 与糖溶液浓度 c 的关系直线，从直线斜率、液层厚度 l 及糖溶液浓度 c，可计算出该物质的旋光率；同样，也可以测量待测溶液的旋光度 α，再确定糖溶液的浓度 c。

（三）材料和试剂

1. 材料

食品。

2. 试剂

24~30g/100mL 葡萄糖水溶液。

（四）仪器和设备

偏振光旋光实验仪主要由光具座、带刻度转盘的偏振片 2 个、样品试管、样品试管调节架、光功率计等组成。

（五）测定步骤

用偏振光旋光实验仪和半荫旋光仪（糖量计）测量糖溶液的浓度。

1. 观察光的偏振现象，研究葡萄糖水溶液的旋光特性

先将半导体激光器发出激光与起偏器、光功率计探头调节成等高同轴，调节起偏器转盘，使输出偏振光最强（半导体激光器发出的是部分偏振光），将检偏器放在光具座的滑块上，使检偏器与起偏器等高同轴（检偏器与起偏器平行），调节检偏器转盘使从检偏器输出光强为零。此时检偏器的透光轴与起偏器的透光轴互相垂直，将样品管（内有葡萄糖溶液）放于支架上，用白纸片观察偏振光入射至样品管的光点和从样品管出射点形状是否相同，以检验玻璃是否与激光束等高同轴，如果不同轴可调节样品管支架下的调节螺丝，使其达到同轴为止。此时可观察到透过检偏器的光强不为零，θ 便是该浓度溶液的旋光度。

2. 用旋光仪测量葡萄糖水溶液浓度

（1）配制浓度为 c_0、$\frac{c_0}{2}$、$\frac{c_0}{4}$、$\frac{c_0}{8}$、0（纯水）（单位：g/100mL）的葡萄糖水溶液，浓度 c_0 取 24~30g/100mL 为宜，分别将不同浓度溶液注入相同长度的样品试管中，测出不同浓度 c 的旋光度 θ，并同时记录环境温度 t 和激光波长 λ。

（2）以葡萄糖溶液浓度为横坐标，旋光度为纵坐标，绘出葡萄糖溶液的旋光度-浓度标准曲线，由此直线斜率代入旋光率的表示公式，求得该物质的旋光率。

（3）用旋光仪测出未知浓度的含糖食品样品溶液的旋光度，再根据旋光度-浓度标准曲线算出其浓度。

（六）说明及注意事项

（1）旋光法测定糖度的实验仪器主要有偏振光旋光实验仪和半荫旋光仪（糖量计）两种类型，本实验中采用偏振光旋光实验仪。

（2）偏振光旋光实验仪工作原理　盛放待测溶液的玻璃试管，由半导体激光器发出的部分偏振光经起偏器后变为线偏振光，在放入待测溶液前先调整检偏器，使检偏器和起偏器的偏

振化方向垂直，透过检偏器的光强最弱，功率计示值重新变最小，当放入待测溶液后，由于旋光作用，透过检偏器的光由弱变强，功率计示值变大，再旋转检偏器，使功率计示值重新变最小，所旋转的角度就是旋转角 θ，这样即可利用旋光率的表示公式求出待测液体浓度。

思考题

1. 根据密度瓶法和密度计法的原理，说明哪种方法适合测定挥发性样品的密度？
2. 食品的质构特性主要包括哪些？测定食品的质构特性有何意义？
3. 除了旋光法，测定食品的糖度还可以用哪些方法？

第三章 03

食品营养成分的测定

第一节 水分含量及水分活度的测定

一、干燥法测定水分含量

（一）实验目的

（1）学习干燥法测定食品中水分含量的基本原理。

（2）掌握直接干燥法测定食品中水分含量的操作技术和注意事项。

（二）实验原理

食品中的水分一般是指在100℃左右直接干燥的情况下，所失去物质的总量。直接干燥法适用于在95~105℃下，食品中其他物质不挥发或挥发甚微的食品的水分含量测定。

（三）材料和试剂

1. 材料

食品样品。

2. 试剂

（1）6mol/L盐酸溶液。

（2）6mol/L氢氧化钠溶液。

（3）海沙　取用水洗去泥土的海沙或河沙，先用6mol/L盐酸溶液煮沸0.5h，用水洗至中性，再用6mol/L氢氧化钠溶液煮沸0.5h，用水洗至中性，经105℃干燥备用。

（四）仪器和设备

样品粉碎机或研钵、分析天平、电热恒温干燥箱、真空干燥箱、铝制或玻璃制扁形称量瓶（内径60~70mm，高35mm以下）等。

（五）测定步骤

1. 直接干燥法

（1）固体试样　取洁净铝制或玻璃制扁形称量瓶，置于95~105℃电热恒温干燥箱中，瓶盖斜支于瓶边，加热0.5~1.0h，取出盖好，置于干燥器内冷却0.5h，称量，如此反复干燥至恒重。称量2.00~10.00g切碎的试样，放入此称量瓶中，试样厚度约为5mm。加盖，精密称量后，置于95~105℃电热恒温干燥箱中，瓶盖斜支于瓶边，加热2~4h后，放入干燥器内冷却

0.5h 后称量。然后再放入 95~105℃电热恒温干燥箱中干燥 1h 左右，取出，放入干燥器内冷却 0.5h 后再称量。如此反复操作，直至前后两次质量差不超过 2mg，即为恒重。

（2）半固体或液体试样　取洁净蒸发皿，内加 10.0g 海沙及一根小玻璃棒，置于 95~105℃电热恒温干燥箱中，干燥 0.5~1h 后取出，置于干燥器内冷却 0.5h 后称量，如此反复干燥至恒重。然后精密称取 5~10g 试样，置于干燥至恒重的蒸发皿中，用小玻璃棒搅匀，放入沸水浴上蒸干，并随时搅拌，擦去皿底的水滴，置于 95~105℃电热恒温干燥箱中干燥 4h 后，取出，放入干燥器内冷却 0.5h 后称量。以下按固体试样方法操作。

2. 减压干燥法

（1）试样的准备　粉末或结晶试样直接称取；硬糖果经研钵粉碎；软糖用刀片切碎，混匀备用。

（2）测定　准确称取 2~10g 试样，加入已干燥至恒重的称量瓶中，放入真空干燥箱内，将干燥箱连接的真空泵开启，抽出干燥箱内空气至所需压力（一般为 40~53kPa），并同时加热至所需温度（60±5）℃。关闭真空泵上的活塞，停止抽气，使干燥箱内保持一定的温度和压力，经 4h 后，打开干燥箱放空活塞，使空气经干燥装置缓缓通入干燥箱内，使压力恢复正常后打开。取出称量瓶，放入干燥器内冷却 0.5h 后称量，并重复以上操作至恒重。

（六）结果计算

试样中水分含量计算公式：

$$X = \frac{m_1 - m_2}{m_1 - m_0} \times 100\% \tag{3-1}$$

式中　X——试样的水分含量，%；

m_0——称量瓶（或蒸发皿加海沙、小玻璃棒）的质量，g；

m_1——称量瓶（或蒸发皿加海沙、小玻璃棒）和样品的质量，g；

m_2——称量瓶（或蒸发皿加海沙、小玻璃棒）和样品干燥后的质量，g。

（七）说明及注意事项

（1）直接干燥法（常压干燥法）对食品而言必须符合下列条件：①水分是样品中唯一的挥发成分；②水分挥发要完全；③食品中其他成分由于受热而引起的化学变化可以忽略不计。

（2）减压干燥法（真空干燥法）适用于在 100℃以上加热容易变质及含有不易除去结合水的食品。其测定结果比较接近真正水分。

（3）油脂或高脂肪样品，由于脂肪的氧化，可能使后一次的质量反而增加，应以前一次质量计算。

（4）易分解或焦化的样品，可适当降低温度或缩短干燥时间。

二、蒸馏法测定水分含量

（一）实验目的

（1）掌握蒸馏法测定食品中水分含量的操作技术和注意事项。

（2）学习蒸馏法测定食品中水分含量的基本原理。

（二）实验原理

将一定质量的食品与甲苯或二甲苯混合，加热使食品中的水分与有机溶剂共沸蒸出，收集馏出液于接收管内，此时水分与有机溶剂分层，根据水体积可计算其在食品中的水分含量。该法适用于含较多其他挥发性物质的食品，如油脂、香辛料等。

（三）材料和试剂

1. 材料

食品样品。

2. 试剂

甲苯或二甲苯，用前先加水饱和，然后分去水层，蒸馏得到的蒸馏液备用。

（四）仪器和设备

水分测定器、分析天平等。

（五）测定步骤

（1）准确称取适量样品放入 250mL 锥形瓶中，加入新蒸馏的甲苯（或二甲苯）75mL，连接冷凝管和水分接收管，从冷凝管顶端注入甲苯，直至装满水分接收管。

（2）加热慢慢蒸馏，使每秒钟得到 2 滴馏出液，待大部分水分蒸出后，加快蒸馏速度，使每秒钟得到约 4 滴馏出液。当接收管的水分体积不再增加时，说明水分已全部蒸出。

（3）从冷凝管顶端小心加入适量甲苯冲洗冷凝管壁，如冷凝管壁附有水滴，可用附有小橡皮头的铜丝擦下，再蒸馏片刻至接收管上部及冷凝管壁无水滴附着，水平观察接收管水分的液面保持 10min 不变时为蒸馏终点，读取接收管水层的体积。

（六）结果计算

试样中水分含量计算公式：

$$X = \frac{V}{m} \times 100 \qquad (3-2)$$

式中　X——试样中的水分含量，mL/100g；

V——接收管内水的体积，mL；

m——样品的质量，g。

三、扩散法测定水分活度

（一）实验目的

（1）了解水分活度（A_w）的概念和扩散法测定水分活度的原理。

（2）学会扩散法测定食品中水分活度的操作技术。

（二）实验原理

食品中的水分，都随环境条件的变动而变化。当环境空气的相对湿度低于食品的水分活度时，食品中的水分向空气中蒸发，食品的质量减轻；相反，当环境空气的相对湿度高于食品的水分活度时，食品就会从空气中吸收水分，使质量增加。不管是蒸发水分还是吸收水分，最终是食品和环境的水分达到平衡。据此原理，采用标准水分活度的试剂，形成相应湿度的空气环境，在密封和恒温条件下，观察食品试样在此空气环境中因水分变化而引起的质量变化，通常使试样分别在 A_w 较高、中等和较低的标准饱和盐溶液中扩散平衡后，根据试样质量的增加

（即在较高 A_w 标准饱和盐溶液达平衡）和减少（即在较低 A_w 标准饱和盐溶液达平衡）的量，计算试样的 A_w 值，食品试样放在以此为相对湿度的空气中时，既不吸湿也不解吸，即其质量保持不变。

（三）材料和试剂

1. 材料

各种水果、蔬菜等食品样品。

2. 试剂

水分活度标准试剂的 A_w 如表 3-1 所示，选出与被测试样水分活度接近的标准试剂配制测定用的标准饱和盐溶液。

表 3-1 水分活度标准试剂的 A_w（25℃）

试剂名称	A_w	试剂名称	A_w	试剂名称	A_w
硝酸钾（KNO_3）	0.924	醋酸钾（$KAc \cdot H_2O$）	0.224	碳酸钾（$K_2CO_3 \cdot 2H_2O$）	0.427
硝酸钠（$NaNO_3$）	0.737	氯化锶（$SrCl_2 \cdot 6H_2O$）	0.708	氯化镁（$MgCl_2 \cdot 6H_2O$）	0.330
溴化钾（KBr）	0.807	溴化钠（$NaBr \cdot 2H_2O$）	0.577	氯化钡（$BaCl_2 \cdot 2H_2O$）	0.901
氯化钾（KCl）	0.842	硝酸锂（$LiNO_3 \cdot 3H_2O$）	0.476	硝酸镁［$Mg(NO_3)_2 \cdot 6H_2O$］	0.528
氯化钠（NaCl）	0.752	氯化锂（$LiCl \cdot H_2O$）	0.110	氢氧化钠（$NaOH \cdot H_2O$）	0.070

（四）仪器和设备

分析天平、恒温箱、康维氏微量扩散皿（康维皿）、小玻璃皿或小铝皿（直径 25~28mm、深度 7mm）。

（五）测定步骤

（1）在 3 个康维皿的外室分别加入 A_w 高、中、低的 3 种标准饱和盐溶液 5.0mL，并在磨口处涂一层凡士林。

（2）将 3 个小玻璃皿准确称重，然后分别称取约 1g 的试样于皿内（准确至毫克数，每皿试样质量应相近）。迅速依次放入上述 3 个康维皿的内室中，马上加盖密封，记录每个扩散皿中小玻璃皿和试样的总质量。

（3）在 25℃的恒温箱中放置（2±0.5）h 后，取出小玻璃皿准确称重，然后每隔 30min 称重一次，至恒重为止。记录每个扩散皿中小玻璃皿和试样的总质量。

（六）结果计算

（1）计算每个康维皿中试样的质量增减值。

（2）以不同标准试剂测定后的试样质量的增减值为纵坐标，以各个标准试剂的水分活度为横坐标，制成坐标图，连接这些点的直线与横坐标的交点就是此试样的水分活度。

（七）说明及注意事项

（1）称重要精确迅速。

（2）扩散皿密封性要好。

（3）对试样的 A_w 范围进行预估，以便正确选择标准饱和盐溶液。

（4）测定时也可选择2种或4种标准饱和盐溶液（A_w 大于或小于试样的标准盐溶液各1种或2种）。

四、水分活度测定仪法测定水分活度

水分活度测定仪法
测定水分活度

（一）实验目的

1. 进一步了解水分活度的概念和水分活度测定的原理。

2. 学会水分活度测定仪法测定食品中水分活度的操作技术。

（二）实验原理

在恒温条件下，置于密封空间内的待测食品样品与周围空气的蒸气压达到平衡时，气体空间的水蒸气压即为待测食品样品的蒸气压。利用水分活度测定仪中传感器的响应会根据食品样品蒸气压的变化而变化，即可从仪器的表头或显示屏上读出水分活度。

（三）材料和试剂

1. 材料

食品样品。

2. 试剂

NaCl饱和溶液：称取50g NaCl，加入热水100mL，冷却至形成固液两相的饱和溶液，储存于棕色试剂瓶中，常温下放置一周后使用。

（四）仪器和设备

水分活度测定仪（本实验以冠亚GYW-1M型水分活度测定仪为例）。

（五）测定步骤

1. 样品处理

大块状的固态样品需在湿度较小的环境中迅速粉碎。

2. 仪器的校正

开机，仪器初始化后进入主界面。将装有NaCl饱和溶液的样品皿放入仪器的测量腔体内，合上测量传感器上盖，点击“NaCl”校正模式。设定测量时间为10~15min，倒计时结束后，可自动校正参数，同时显示校正值。

3. 样品的测定

将装有样品的样品皿放入仪器的测量腔体内，合上测量传感器上盖，点击“单通道”键。设定测量时间为10~15min，倒计时结束后，仪器显示最后时间点的温度和水分活度，即在此温度下该样品的水分活度。

（六）说明及注意事项

一般NaCl饱和溶液的水分活度为0.753±0.002（25℃）。但由于饱和盐溶液易受温度以及配制环境等因素的影响，最终水分活度浮动在0.02左右。

第二节 蛋白质及氨基酸的测定

一、凯氏定氮法测定蛋白质含量

（一）实验目的

（1）学习凯氏定氮法测定蛋白质含量的基本原理。

（2）掌握凯氏定氮法测定食品蛋白质含量的操作步骤和注意事项。

（二）实验原理

食品样品与浓硫酸在催化剂作用下一同加热消化，使食品中蛋白质分解。分解出的氨与硫酸作用生成硫酸铵，硫酸铵再与氢氧化钠作用，通过蒸馏使氨游离出来，用硼酸吸收后，再以硫酸或盐酸标准溶液滴定，根据标准酸的消耗量乘以换算系数，即为蛋白质的含量。

（三）材料和试剂

1. 材料

食品样品。

2. 试剂

（1）硫酸铜、硫酸钾、硫酸。

（2）硼酸溶液（20g/L）。

（3）氢氧化钠溶液（400g/L）。

（4）硫酸标准滴定溶液（0.05mol/L）或盐酸标准滴定溶液（0.05mol/L）。

（5）甲基红乙醇溶液（1g/L）、溴甲酚绿乙醇溶液（1g/L）。

（6）溴甲酚绿-甲基红混合指示液　取1份甲基红指示液和3份溴甲酚绿指示液，临用时混合。

（四）仪器和设备

（1）改良式微量凯氏定氮装置、微量滴定管、凯氏烧瓶、分析天平、通风橱。

（2）凯氏定氮仪　该装置内具有自动加碱装置，自动吸收和滴定装置以及自动数字显示装置（部分型号的仪器无自动滴定装置，滴定需后续手动完成）。本实验以海能K9840凯氏定氮仪为例。

（3）消化装置　石墨消解仪或红外线消化炉。

（五）测定步骤

1. 微量凯氏定氮法

（1）称样和消化　准确称取磨碎混匀的固体样品0.2~2.0g、半固体样品2~5g或液体样品10~25g（相当于含30~40mg氮），移入干燥洁净的100mL、250mL或500mL凯氏烧瓶中，加入0.4g硫酸铜、6g硫酸钾及15mL硫酸，轻摇后于瓶口放一小漏斗，将瓶以45°角斜支于有小孔的石棉网上。在通风橱里小心加热，待内容物全部炭化，泡沫完全停止后，加强火力，并保持瓶内液体微沸，至液体呈蓝绿色并澄清透明后，再继续加热0.5~1h。取下冷却，小心加入20mL水。冷却后，移入100mL容量瓶中，并用少量水洗凯氏烧瓶，洗液并入容量瓶中，再加水至刻度，混匀备用。同时做试剂空白试验。

（2）凯氏定氮装置的安装　本实验采用改良式微量凯氏定氮装置，如图 3-1 所示。将该装置用铁夹和铁环固定于铁架台的适当高度，铁夹夹紧蒸馏瓶颈部，铁环托住蒸馏瓶底部，并垫上石棉网，套妥冷凝水胶管，准备好用于加热的酒精灯或约 300W 的小电炉。

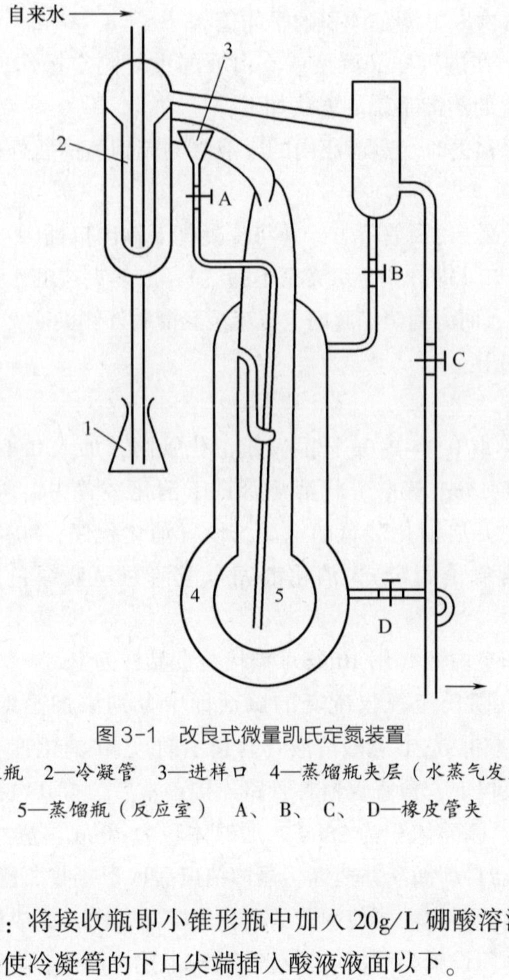

图 3-1　改良式微量凯氏定氮装置

1—接收瓶　2—冷凝管　3—进样口　4—蒸馏瓶夹层（水蒸气发生器）

5—蒸馏瓶（反应室）　A、B、C、D—橡皮管夹

（3）蒸馏和吸收

①加吸收液和指示剂：将接收瓶即小锥形瓶中加入 20g/L 硼酸溶液 20mL 及混合指示剂 2 滴，置于冷凝管下方，并使冷凝管的下口尖端插入酸液液面以下。

②加夹层水（发生蒸气用）：开通冷凝水，并使自来水由进水口注入蒸馏瓶外侧夹层中，使夹层内水面稍低于蒸馏瓶颈部的转弯处，关闭进水口和出水口，调节冷凝水的流速至适当大小。

③加样液和碱液：准确吸取样品溶液 10mL，由进样口的小漏斗注入蒸馏瓶内，并以少量的蒸馏水冲洗漏斗，再将 400g/L 氢氧化钠溶液 6mL 由小漏斗注入蒸馏瓶内，也以少量的蒸馏水冲洗漏斗，然后关闭进样口，再加少量蒸馏水于小漏斗里以封闭进样口。

④加热蒸馏：用酒精灯或小电炉加热，将蒸馏瓶夹层内的水煮沸。从蒸馏瓶内的溶液沸腾开始计算时间，大约 10min，或从接收瓶硼酸溶液开始由酒红色变为蓝绿色时算起，继续蒸馏大约 10min。移动接收瓶，使硼酸液液面离开冷凝管下端出口，再蒸馏 1min，用少许蒸馏水冲洗冷凝管下端出口外部。拿开接收瓶，再移去火源，防止吸收液被倒吸。

（4）滴定　将洗净的微量滴定管用滴定管夹固定于滴定架台上，装好已标定的盐酸（或硫酸）标准溶液后，滴定接收瓶的吸收液至溶液颜色由蓝绿色变为酒红色（灰紫色）时为终点。记录消耗的标准溶液的浓度和体积。

（5）空白试验与重复操作　按步骤（3）用空白液（以 10mg 蔗糖代替食品样品进行消化后的定容液）代替样品溶液进行蒸馏，再滴定空白吸收液。

重复样品溶液和空白液的测定操作（蒸馏操作和滴定操作）。样品溶液和空白液所耗用的标准酸体积都分别取其两次以上滴定体积的平均值。

（6）蒸馏瓶的洗涤　在进行样品溶液或空白液的重复测定操作（包括开始第一次蒸馏操作）之前，应先清洗装置的蒸馏系统。方法如下：

蒸馏完毕后，把火源移去时，蒸馏瓶内的废液立刻流到蒸馏瓶外侧夹层内，可由出水口经排水管排出。

把装有蒸馏水的烧杯置于冷凝管下方，并将冷凝管下端出口插入水的液面以下（深处），关闭进水口、出水口和进样口（即拧紧止水夹至不漏气），加热夹层的水至沸腾大约 1min，移去火源，烧杯中的蒸馏水被吸入而流到蒸馏瓶内，再流至蒸馏瓶外侧夹层，由出水口经排水管排出。

按此法重复洗涤 2~3 次。

2. 凯氏定氮仪法

（1）称样和消化　称取 0.1~2.0g 样品置于消化管内，加入 0.4g 硫酸铜、6g 硫酸钾及 10~15mL 硫酸，将消化管置于消化装置中，用连接管连接封住消化管，开启消化装置的电源，设置消化程序，30~90min 后消化完毕（依含氮量而定），消化液完全澄清并呈蓝绿色，冷却。

凯氏定氮仪法
测定蛋白质

平行制备样品溶液和空白液（用 10mg 蔗糖代替食品样品）。

（2）蒸馏和吸收　在凯氏定氮仪配套的试剂桶中分别添加蒸馏水、400g/L 氢氧化钠溶液和 20g/L 硼酸溶液（含指示剂）。将消化管（含样品消化液）和一只空的接收瓶装于凯氏定氮仪上，检查仪器各管路连接正常后，打开电源和水源。按自动键设置参数：稀释水量为 20mL、硼酸体积为 25mL、加碱体积为 40mL、蒸馏时间为 5min、淋洗水量为 10mL。按确认键后仪器自动加液并蒸馏，蒸馏结束后取下接收瓶待滴定用。

在测定样品消化液前，通常需要使用空的消化管空蒸 2 次，完成仪器的预热。空蒸预热时不需添加碱液，即加碱体积设置为“0”，其他参数与上述样品测试条件相同。

（3）滴定　用 0.05mol/L 盐酸（或硫酸）标准溶液滴定接收瓶的吸收液至溶液颜色由蓝绿色变为酒红色（灰紫色）时为终点。记录消耗的标准溶液的浓度和体积。

（4）重复测定和空白测定　按步骤（2）和（3）重复样品溶液和空白液的测定操作。

（5）清洗和关机　将消化管（含 100mL 蒸馏水）和一只空的接收瓶装于凯氏定氮仪上，按手动键设置蒸馏时间为 5min，按确认键后仪器自动运行。运行结束后取下消化管和接收瓶，倒掉废液。再重复上述步骤清洗仪器。最后关闭水源和电源。

（六）结果计算

试样中蛋白质含量的计算公式：

$$X = \frac{(V - V_0) \times c \times 0.014 \times F}{m} \times \frac{100}{10} \times 100\% \tag{3-3}$$

式中　X——试样中蛋白质的含量，%；

V——样品消耗硫酸或盐酸标准滴定溶液的体积，mL；

V_0——空白消耗硫酸或盐酸标准滴定溶液的体积，mL；

c——硫酸或盐酸标准滴定溶液浓度，mol/L；

0.014——1mmol 氮的质量，g/mmol；

m——试样的质量，g；

$\frac{100}{10}$——消化液定容体积与蒸馏时取样体积比（凯氏定氮仪法无此项）；

F——氮换算为蛋白质的系数（一般食物为 6.25，纯乳与纯乳制品为 6.38，面粉为 5.70，玉米、高粱为 6.24，花生为 5.46，大米为 5.95，大豆及其粗加工制品为 5.71，大豆蛋白制品为 6.25，肉与肉制品为 6.25，大麦、小米、燕麦、裸麦为 5.83，芝麻、向日葵为 5.30，复合配方食品为 6.25）。

（七）说明及注意事项

（1）所用试剂溶液应用无氨蒸馏水配制。

（2）蒸馏时的加碱量一般为样品消化时浓硫酸体积的 4 倍。

（3）混合指示剂在碱性溶液中呈蓝绿色，在中性溶液中呈灰色，在酸性溶液中呈酒红色。

（4）样品中若含脂肪或糖较多时，消化过程中易产生大量泡沫。为防止泡沫溢出瓶外，在消化开始时应用小火加热，并时时摇动，或者加入少量辛醇、液体石蜡或硅油消泡剂。

（5）在蒸馏时蒸气发生要均匀充足，蒸馏过程中不得停火断气，否则将发生倒吸。

（6）仪器参数设置中的稀释水量指的是稀释样品消化液的用水量，可根据消化时的硫酸用量和消化液是否已经稀释来确定，一般可设置为 0~20mL，以避免强酸强碱反应过于剧烈。淋洗水量指的是冲洗冷凝管路的用水量，一般可设置为 10~20mL，以确保不损失氮。

二、双缩脲法测定蛋白质含量

（一）实验目的

（1）了解双缩脲法测定蛋白质含量的基本原理。

（2）掌握双缩脲法测定食品蛋白质含量的操作步骤和注意事项。

（二）实验原理

当脲（尿素）被小心地加热至 150~160℃时，可由两个分子间脱去一个氨分子而生成二缩脲（也称双缩脲）。双缩脲在碱性条件下能与硫酸铜作用生成紫红色的配合物，即发生双缩脲反应。由于蛋白质分子中含有肽键（—CO—NH—），与双缩脲结构相似，故也能发生双缩脲反应而生成紫红色配合物，在一定条件下其颜色深浅与蛋白质含量成正比，据此可用吸光度法来测定蛋白质含量，该配合物的最大吸收波长为 560nm。双缩脲法操作简单快速，是生物化学领域中测定蛋白质含量的常用方法之一，也可用于豆类、油料、米谷等作物种子及肉类等样品测定。

（三）材料和试剂

1. 材料

食品样品。

2. 试剂

（1）碱性硫酸铜试剂的配制　在碱性溶液中，Cu^{2+}容易水解产生 $Cu(OH)_2$ 沉淀，可向碱性硫酸铜溶液中加入一种稳定剂，既能防止 Cu^{2+} 水解，又能释放一定量的 Cu^{2+} 与蛋白质络合。常用的稳定剂有以下两种。

①以甘油为稳定剂：将 10mL 10mol/L 的氢氧化钾和 3mL 甘油加到 937mL 蒸馏水中，剧烈搅拌的同时缓慢加入 50mL 4g/L 硫酸铜溶液（4g $CuSO_4 \cdot 5H_2O$ 溶于 100mL 水中）。

②以酒石酸钾钠为稳定剂：将 10mL 10mol/L 的氢氧化钾和 20mL 250g/L 酒石酸钾钠溶液加到 930mL 蒸馏水中，剧烈搅拌的同时缓慢加入 40mL 4%硫酸铜溶液。

配制试剂加入硫酸铜溶液时，必须剧烈搅拌，否则将生成氢氧化铜沉淀。配好的试剂应完全透明，无沉淀物。

（2）四氯化碳。

（四）仪器和设备

分光光度计、离心机（4000r/min）等。

（五）测定步骤

1. 标准曲线的绘制

以采用凯氏定氮法测出蛋白质含量的样品作为标准蛋白质样品。按蛋白质含量 40、50、60、70、80、90、100、110mg 分别称取混合均匀的标准蛋白质样品于 8 支 50mL 纳氏比色管中，然后各加入 1mL 四氯化碳，再用碱性硫酸铜溶液准确稀释至 50mL，振摇 10min，静置 1h，取上层清液离心 5min，取离心分离后的透明液于比色皿中。在 560nm 波长下以蒸馏水作参比液，调节仪器零点并测定各溶液的吸光度 A，以蛋白质的含量为横坐标、吸光度 A 为纵坐标绘制标准曲线。

2. 样品的测定

准确称取适量样品（即使其蛋白质含量在 40~110mg）于 50mL 纳氏比色管中，加 1mL 四氯化碳，按上述步骤显色后，在相同条件下测其吸光度 A。根据测得的 A 值在标准曲线上可查得蛋白质质量（mg），进而由此求得蛋白质含量。

（六）结果计算

试样中蛋白质含量计算公式：

$$\text{蛋白质含量(mg/100g)} = \frac{m_1}{m} \times 100 \tag{3-4}$$

式中 m_1——由标准曲线上查得的蛋白质质量，mg；

m——样品的质量，g。

（七）说明及注意事项

（1）含脂肪高的样品应预先用乙醚脱脂后再测定。

（2）样品中有不溶性成分存在时，会给比色测定带来困难，此时可将蛋白质提取出来后再进行测定。

三、甲醛滴定法测定氨基酸总量

（一）实验目的

（1）掌握甲醛滴定法测定氨基酸总量的原理。

（2）掌握甲醛滴定法测定氨基酸总量时滴定终点的确定方法。

(二) 实验原理

利用氨基酸的两性作用，加入甲醛以固定氨基的碱性，使羧基显示出酸性，用氢氧化钠标准溶液滴定后定量。反应过程如下式所示：

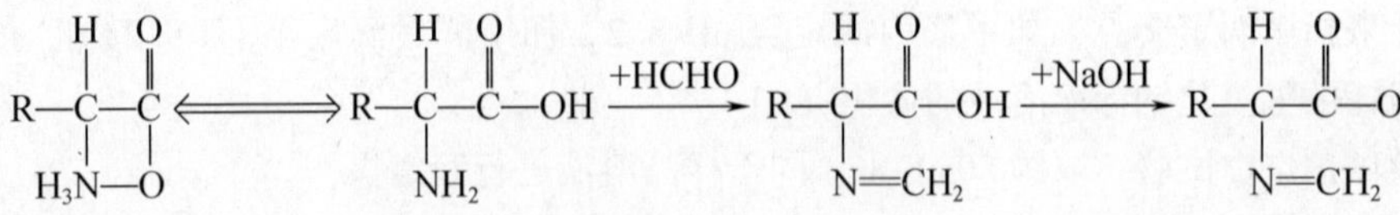

本实验可采用三种方法来确定滴定终点：单指示剂法、双指示剂法、酸度计法。

单指示剂法和酸度计法各在同一份样品溶液中进行，即在加甲醛之前用标准碱液滴定至指示剂变色或 pH 8.2，加甲醛后继续滴定至指示剂变色或 pH 9.2。双指示剂法在两份相同的样品溶液中进行，两份溶液分别加入不同的指示剂中性红和百里酚酞，一份直接滴定，另一份加甲醛后滴定。双指示剂法结果准确。酸度计法可以解决样品溶液色泽妨碍判断滴定终点问题，结果较为准确。

(三) 材料和试剂

1. 材料

食品样品。

2. 试剂

（1）氢氧化钠标准溶液（0.1mol/L）。

（2）中性红指示液（1g/L）。

（3）百里酚酞指示液（1g/L）。

（4）中性甲醛溶液（40%） 以百里酚酞为指示剂，用 1.0mol/L 氢氧化钠溶液中和。临用前配制，若放置了一段时间后，在使用前要重新进行中和。

（5）活性炭。

(四) 仪器和设备

酸度计、磁力搅拌器、10mL 微量滴定管等。

(五) 测定步骤

1. 样品溶液的制备

精确称取约 10g 样品（约含 20mg 氨基酸），在研钵中磨碎后，用约 50mL 蒸馏水将其转移至烧杯中，或精确量取约含 20mg 氨基酸的样品溶液于烧杯中，加入约 5g 的活性炭，搅拌混匀，加热煮沸，过滤，用约 40mL 热水洗涤滤渣，收集滤液于锥形瓶中，待滴定用（样品颜色浅或用酸度计确定终点时不需要用活性炭脱色处理）。

同样操作方法制备样品溶液数份，以供下面三种方法使用。

2. 样品的测定

（1）单指示剂法 取样品溶液一份，加入 3 滴百里酚酞指示剂，用 0.1mol/L 氢氧化钠溶液滴定至淡蓝色。加入中性甲醛 20mL，摇匀并静置 1min，此时蓝色应消失。用 0.1mol/L 氢氧化钠标准溶液滴定至淡蓝色。记录第二次滴定时消耗的氢氧化钠标准溶液的体积（mL）。

同时做试剂空白实验：取约 80mL 水，同于样品溶液进行滴定操作。

（2）双指示剂法 取相同的两份样品溶液。其中一份加入中性红指示剂 3 滴，用 0.1mol/L

氢氧化钠标准溶液滴定至琥珀色为终点；另一份加入百里酚酞指示剂 3 滴和中性甲醛 20mL，摇匀并静置 1min 后，用 0.1mol/L 氢氧化钠标准溶液滴定至淡蓝色。记录两份样品溶液分别消耗的氢氧化钠标准溶液的体积（mL）。

（3）酸度计法　取样品溶液进行滴定，操作基本同于单指示剂法，区别是不加指示剂，改用酸度计来指示滴定终点，加甲醛前滴定至 pH 8.2，加甲醛后滴定至 pH 9.2。记录加甲醛后滴定时消耗的氢氧化钠标准溶液的体积（mL）。

同时做试剂空白试验：取约 80mL 水，同于样品溶液进行滴定操作。

（六）结果计算

试样氨基酸态氮含量计算公式：

$$X = c \times (V - V_0) \times 0.014 \times \frac{1}{m} \times 100\% \tag{3-5}$$

式中 X——试样中氨基酸态氮的含量，%；

V——样品溶液加入甲醛后滴定至百里酚酞变色或 pH 9.2 时消耗的氢氧化钠溶液的体积，mL；

V_0——样品溶液滴定至中性红变色（双指示剂法）或空白实验加入甲醛后滴定至百里酚酞变色或 pH 9.2（单指示剂或酸度计法）时消耗氢氧化钠溶液的体积，mL；

c——氢氧化钠标准溶液浓度，mol/L；

0.014——1mmol 氮的质量，g/mmol；

m——试样的质量，g。

（七）说明及注意事项

（1）加入甲醛溶液后，应当立即滴定，以防止甲醛聚合，影响结果的准确性。

（2）酱油中的铵盐影响氨基酸态氮的测定，会使氨基酸态氮的测定结果偏高。因此要同时测定铵盐，将氨基酸的结果减去铵盐的结果比较准确。

四、氨基酸自动分析仪法测定氨基酸总量

（一）实验目的

（1）了解氨基酸自动分析仪法测定食品中氨基酸总量的方法。

（2）掌握氨基酸自动分析仪法测定氨基酸总量具体的操作步骤。

（二）实验原理

食物蛋白质经盐酸水解成为游离氨基酸，经氨基酸分析仪的离子交换柱分离后，与茚三酮溶液产生颜色反应，再通过分光光度计比色测定氨基酸含量。可同时测定天冬氨酸、苏氨酸、丝氨酸、谷氨酸、脯氨酸、甘氨酸、丙氨酸、缬氨酸、甲硫氨酸、异亮氨酸、亮氨酸、酪氨酸、苯丙氨酸、组氨酸、赖氨酸和精氨酸共 16 种氨基酸，其最低检测限为 10pmol。

（三）材料和试剂

1. 材料

食品样品。

2. 试剂

（1）6mol/L HCl、500g/L 的 NaOH。

（2）苯酚　需重蒸馏。

（3）混合氨基酸标准液　0.0025mol/L。

（4）pH 2.2、3.3、4.0、6.4 的柠檬酸钠缓冲液。

（5）茚三酮溶液

①pH 5.2 的乙酸锂溶液：称取氢氧化锂（$LiOH \cdot H_2O$）168g，加入冰乙酸 279mL，加水稀释到 1000mL，用浓盐酸或 500g/L 的 NaOH 调节 pH 至 5.2。

②茚三酮溶液：取 150mL 二甲亚砜和 50mL 乙酸锂溶液，加入 4g 水合茚三酮（$C_9H_4O_3 \cdot H_2O$）和 0.12g 还原茚三酮（$C_{18}H_{10}O_6 \cdot 2H_2O$），搅拌至完全溶解。

（6）高纯氮气　纯度 99.99%。

（7）冷冻剂　市售食盐与冰按 1∶3 混合。

注：全部试剂除注明外均为分析纯，实验用水为去离子水。

（四）仪器和设备

真空泵、恒温干燥箱、水解管（耐压螺盖玻璃管或硬质玻璃管，体积 20~30mL）、真空干燥器（温度可调节）、氨基酸自动分析仪等。

（五）测定步骤

1. 样品处理

样品采集后用匀浆机打成匀浆（或尽量将样品粉碎），于低温冰箱中冷冻保存。分析时将其解冻后使用。

2. 称样

准确称取一定量样品，精确到 0.0001g。均匀性好的样品如乳粉等，使样品蛋白质含量在 10~20mg；均匀性差的样品如鲜肉等，为减少误差可适当增大称样量，测定前再稀释。将称好的样品放入水解管中。

3. 水解

在水解管内加入 6mol/L 盐酸 10~15mL（加酸量视样品蛋白质含量而定），含水量高的样品（如牛乳）可加入等体积的浓盐酸，加入重蒸馏的苯酚 3~4 滴，再将水解管放入冷冻剂中，冷冻 3~5min，再接到真空泵的抽气管上，抽真空（接近 0Pa），然后充入高纯氮气；再抽真空充氮气，重复 3 次后，在充氮气状态下封口或拧紧螺丝盖。将已封口的水解管放在（110±1）℃的恒温干燥箱内，水解 22h 后，取出冷却。

打开水解管，将水解液过滤后，用去离子水多次冲洗水解管，将水解液全部转移到 50mL 容量瓶内，用去离子水定容。吸取滤液 1mL 于 5mL 容量瓶内，用真空干燥器在 40~50℃干燥，残留物用 1~2mL 水溶解，再干燥，反复进行 2 次，最后蒸干，用 1mL pH 2.2 的缓冲液溶解，此液为样品测定液。

4. 测定

准确吸取 0.20mL 混合氨基酸标准液，用 pH 2.2 的缓冲液稀释到 5mL，此标准稀释液浓度为 5.00nmol/50μL，作为上机测定用的氨基酸标准液，用氨基酸自动分析仪以外标法测定样品测定液的氨基酸含量。

（六）结果计算

试样氨基酸含量计算公式：

$$X = \frac{c \times \frac{1}{50} \times F \times V \times M}{m \times 10^9} \times 100 \qquad (3-6)$$

式中 X——试样中氨基酸的含量，g/100g；

c——试样测定液中氨基酸含量，nmol/50μL；

F——试样稀释倍数；

V——水解后试样定容体积，mL；

M——氨基酸的相对分子质量；

m——试样质量，g；

$\frac{1}{50}$——折算成每毫升试样测定的氨基酸含量，μmol/L。

第三节　酸度的测定

食品中的酸主要是溶于水的一些有机酸和无机酸。食品中酸的量用酸度表示。酸度又分为总酸度（滴定酸度）和有效酸度（pH）。总酸度是指食品中所有酸性物质的总量，包括已离解的酸的浓度和未离解的酸的浓度。有效酸度是指食品中呈游离状态的氢离子的浓度（严格地说应该是活度），用 pH 表示。

一、酸碱滴定法测定总酸度

（一）实验目的

（1）了解食品中总酸度的测定意义。

（2）掌握用酸碱滴定法测定食品中总酸度的原理和方法。

（二）实验原理

食品中的酒石酸、苹果酸、柠檬酸、草酸、乙酸等有机酸的电离常数 K_a 均大于 10^{-8}，用标准强碱液滴定时，可被中和成盐类：

$$RCOOH+NaOH \longrightarrow RCOONa+H_2O$$

用酚酞作指示剂，滴定至溶液呈淡红色（pH 8.2）且 30s 不褪色为终点。根据所消耗的标准碱液的体积，即可计算出样品总酸的含量。

（三）材料和试剂

1. 材料

各种水果、蔬菜等食品样品。

2. 试剂

（1）0.10mol/L NaOH 标准溶液（每次使用均需标定）。

（2）10g/L 酚酞指示剂溶液。

（3）pH 4.00、pH 9.23 标准缓冲溶液。

（四）仪器和设备

数字酸度计、磁力搅拌器、酸碱式滴定管、锥形瓶、移液管、量筒、烧杯、容量瓶、胶头滴管、研钵、铁架台、电子天平、玻璃棒、滤纸、水浴锅等。

（五）测定步骤

1. 样品处理

（1）固体样品　如果蔬原料及其制品，需去皮、去柄、去核，捣碎均匀后备用。

（2）液体样品　如牛乳、果汁等，需经正确采样、混合均匀后备用。

2. 测定

（1）指示剂滴定法

①固体样品：准确称取捣碎均匀的样品 10~20g（根据含酸量而增减）于小烧杯中，用水移入 250mL 容量瓶中，充分振摇后加水至刻度，摇匀，用干燥滤纸过滤。取滤液 50mL 于锥形瓶中，加酚酞指示剂 3 滴，用 0.10mol/L NaOH 标准溶液滴定至溶液呈淡红色 30s 不褪色为终点。

②液体样品：准确吸取样品溶液 2.0mL 于 250mL 锥形瓶中，加入水 50mL，然后加指示剂并滴定，其余操作同固体样品。

（2）电位滴定法

酸度计的校正：用 pH 4.00 标准缓冲溶液和 pH 9.23 标准缓冲溶液反复调节校正旋钮和斜率旋钮至两 pH 相符。

用移液管吸取 50mL 样品浸出液放入适当大小的烧杯中，并将烧杯置于磁力搅拌器上，放入搅拌子，插入玻璃电极和饱和甘汞电极，在不断搅拌下用 0.10mol/L NaOH 标准溶液迅速滴定至 pH 6，而后减慢滴定速度。当接近 pH 7 时，每次加入 0.1~0.2mL NaOH 标准溶液，继续滴定至 pH 8.2，记录所消耗的 NaOH 标准溶液的体积。

再重复滴定，取多次体积的平均值。

（六）结果计算

样品总酸度的计算公式：

$$\text{固体样品总酸度}(\%) = \frac{c \times V \times K \times 250}{m \times 50} \times 100 \tag{3-7}$$

式中　c——氢氧化钠标准溶液的浓度，mol/L；

V——氢氧化钠标准溶液的用量，mL；

m——样品质量，g；

K——换算为适当酸的系数（苹果酸 0.067，乙酸 0.060，酒石酸 0.075，乳酸 0.090，含 2 分子的柠檬酸 0.070）。

$$\text{液体样品总酸度}(\text{g/100mL}) = \frac{c \times V \times K}{V_{\text{样}}} \times 100 \tag{3-8}$$

式中　c、V、K——同式（3-7）；

$V_{\text{样}}$——液体样品的体积，mL。

（七）说明及注意事项

（1）如果样液的颜色过深，终点颜色变化不明显，可加入等量蒸馏水稀释再测定，也可用活性炭脱色或用酸度计指示终点。

（2）一般葡萄的总酸度用酒石酸表示，柑橘以柠檬酸表示，核仁、核果及浆果类以苹果酸表示，牛乳以乳酸表示。

二、酸度计法测定有效酸度

（一）实验目的

（1）学习食品中有效酸度的测定意义。

（2）掌握酸度计法测定有效酸度的原理和方法。

酸度计法
测定有效酸度

（二）实验原理

利用酸度计测定溶液的有效酸度（pH），是将玻璃电极和甘汞电极插在被测样品溶液中，组成一个电化学原电池，其电动势的大小与溶液 pH 的关系为：$E=E^{0}-0.059\,\mathrm{pH}$（25℃）。

（三）材料和试剂

1. 材料

各种水果、蔬菜等食品样品。

2. 试剂

pH 4. 00、pH 6. 86 标准缓冲溶液。

（四）仪器和设备

酸度计、榨汁器等。

（五）测定步骤

1. 样品处理

液体样品：一般液体样品，摇匀后直接取样测定；含 CO_2 的液体样品，排除 CO_2 后测定。

果蔬样品：捣碎或榨汁后，取均匀汁液测定。

罐头制品（液固混合样品）：先将样品沥汁液，取汁液测定，或将内容物捣碎成浆状后，取浆状物测定。如有油脂，须先分出油脂。

对于生肉和果蔬制品，称取 10g（肉类去油脂）绞碎的样品，放入加有 100mL 新煮沸冷却的蒸馏水中，浸泡 15~20min，过滤后取滤液测定。

2. 测定

（1）酸度计的校正　清洗电极，放入 pH 6. 86 的标准缓冲溶液中，用温度计测定溶液温度，并在仪器上设置相同的温度值，待 pH 读数稳定后，按定位键，仪器提示“yes”后，按确认键；如果需要二点标定，则将电极放入 pH 4. 00 的标准缓冲溶液中，设置温度，待 pH 读数稳定后，按斜率键，仪器提示“yes”后，按确认键。

（2）样品液 pH 的测定　用蒸馏水清洗电极并用吸水纸或滤纸吸去附在两电极上的水分，或用待测样品液冲洗电极，然后将电极浸入待测样品液中，轻轻摇动烧杯，使其均匀。在仪器屏幕上读出 pH。

如果待测样品液与校正时标准缓冲溶液的温度不一样时，则应将仪器温度设置为待测样品液的温度。这时仪器所显示的稳定读数即为该样品液的 pH。

读取和记录读数后，移开样品液，清洁电极，一般可不必再校正仪器，按上述方法进行下一个样品液的测定。

（六）说明及注意事项

（1）酸度计在测量前必须用已知 pH 的标准缓冲溶液进行校正，校正用溶液的 pH 越接近被测 pH 越好。

（2）测量结束，及时将电极保护套套上。电极套内应放少量外参比补充液，以保持电极球泡的湿润。

第四节　脂肪的测定

一、索氏提取法测定脂肪含量

（一）实验目的

（1）学习索氏提取法测定脂肪含量的方法。

（2）掌握索氏提取法的操作要点及影响因素。

索氏提取法
测定脂肪含量

（二）实验原理

利用脂肪不挥发且能溶于乙醚等有机溶剂的特性，在索氏提取器中用无水乙醚或石油醚等有机溶剂连续萃取。将试样中的脂肪完全萃取后，蒸去溶剂，所得物质即为脂肪总量，或称粗脂肪。在实际测定时，根据萃取完成后脂肪的具体定量方式，可分为索氏增重法和索氏减重法。

（三）材料和试剂

1. 材料

食品样品。

2. 试剂

（1）无水乙醚或石油醚（沸程 30~60℃）。

（2）海沙　粒度 0.65~0.85mm，二氧化硅的质量分数不低于 99%。

（四）仪器和设备

索氏提取器、恒温干燥箱、滤纸（制作滤纸筒或滤纸包用）、水浴锅、研钵或绞肉机、分析天平等。

（五）测定步骤

1. 索氏增重法测定

（1）样品处理

①固体样品：准确称取干燥并研细的样品 2~5g（可取测定水分后的样品），必要时拌以海沙，无损地移入滤纸筒内。

②半固体或液体样品：准确称取 5~10g 样品于蒸发皿中，加入海沙约 20g 于沸水浴上蒸干后，再于 95~105℃烘干、研细，全部移入滤纸筒内，蒸发皿及黏附有样品的玻璃棒都用沾有乙醚的脱脂棉擦净，将棉花一同放进滤纸筒内。

（2）索氏提取器的清洗　将索氏提取器各部位充分洗涤并用蒸馏水清洗烘干。脂肪烧瓶在（103±2）℃的烘箱内干燥至恒重。

（3）安装提取器和回流提取　将滤纸筒放入索氏提取器的抽提筒内，连接已干燥至恒重的脂肪烧瓶，安好冷凝管，由冷凝管上端加入无水乙醚或石油醚至脂肪烧瓶的 2/3 体积处，或在套上冷凝管之前将提取溶剂直接倒进抽提筒。接上冷凝水，在冷凝管上口处轻轻塞入一小团干燥的脱脂棉（防止空气中水分进入和乙醚挥发）。将水浴加热（水浴温度 45~60℃）使乙醚或石油醚不断地回流提取，提取时水浴温度应控制在使提取液每 6~8min 回流一次为宜。一般视含油量高低提取 6~12h，至抽提完全为止。

如果溶剂挥发较多，不足够回流时，可以自冷凝管上端开口补充适量溶剂。提取完全与否，可取抽提筒内溶剂用滤纸试验至无留下油迹为标准。

（4）回收溶剂、烘干、称重　取下脂肪烧瓶，回收乙醚或石油醚。待烧瓶内仅剩 1~2mL 时，在水浴上蒸去脂肪烧瓶内全部乙醚，将脂肪烧瓶置于烘箱中在 95~105℃ 干燥 2h，取出放入干燥器内冷却至室温，称重。再放进烘箱中，在 95~105℃ 干燥 30min，取出放入干燥器内冷却至室温，称重。重复操作至恒重（前后两次称量之差不超过 2mg）。

2. 索氏减重法测定

（1）滤纸袋（或滤纸包）称重和样品称重　先准确称重并记录滤纸袋质量，用不锈钢匙将 2~4g 样品（样品处理方法同于索氏增重法）装入已称重的滤纸袋内，再准确称重。将滤纸袋口折叠封闭。

（2）索氏提取器的清洗　同于索氏增重法。

（3）安装提取器和回流提取　同于索氏增重法。

（4）滤纸袋（样品）称重　提取完毕后，取出滤纸袋，挥干溶剂后，放入电热恒温干燥箱中，在 95~105℃ 干燥 0.5~1h，取出放进玻璃干燥器内冷却 30min 后称重。再放进电热恒温干燥箱中，在 95~105℃ 干燥 30min，取出放入玻璃干燥器内冷却至室温，称重。重复操作至恒重（前后两次称量之差不超过 2mg）。

（六）结果计算

粗脂肪含量的计算公式：

$$X = \frac{m_1 - m_0}{m} \times 100\% \tag{3-9}$$

式中　X——试样中粗脂肪含量，%；

m——样品质量，g；

m_1——粗脂肪和脂肪烧瓶的质量（增重法），浸提前滤纸袋和样品的质量（减重法），g；

m_0——脂肪烧瓶的质量（增重法），浸提后滤纸袋和样品的质量（减重法），g。

（七）说明及注意事项

（1）萃取剂乙醚或石油醚是易燃易爆物质，应注意通风并且不能有火源。

（2）样品应干燥后研细，装样品的滤纸筒一定要紧密，不能往外漏样品，否则重做。

（3）放入滤纸筒的高度不能超过回流弯管，否则乙醚不易穿透样品，使脂肪不能全部提出，造成误差。

（4）提取时水浴温度不能过高，一般使乙醚刚开始沸腾即可（约 45℃），回流速度以 6~8min 回流一次为宜。

二、酸水解法测定脂肪含量

（一）实验目的

（1）学习酸水解法测定脂肪含量的方法。

（2）掌握酸水解法的原理及操作要点。

（二）实验原理

强酸与样品一同加热进行水解，结合或包藏在组织里的脂肪可游离出来，然后用乙醚和石油醚提取脂肪，回收溶剂，除去溶剂后即为脂肪含量。

（三）材料和试剂

1. 材料

食品样品。

2. 试剂

（1）盐酸、95%乙醇。

（2）乙醚（不含过氧化物）、石油醚（沸程 30~60℃）。

（四）仪器和设备

100mL 具塞刻度量筒、50mL 大试管等玻璃仪器、天平、水浴锅、烘箱等常规实验设备。

（五）测定步骤

1. 样品处理

（1）固体样品　准确称取 2.0g，置于 50mL 试管中，加 8mL 水，混匀后再加 10mL 浓盐酸。

（2）液体样品　准确称取 10.0g，置于 50mL 试管中，加 10mL 浓盐酸。

2. 水解

将试管放入 70~80℃水浴中，每隔 5~10min 用玻璃棒搅拌一次，至样品脂肪游离消化完全为止，需 40~50min。水解过程中，如水分蒸发，应适当补加水，保持溶液总体积不变，以避免酸浓度升高。

3. 提取和称量

取出试管，加入 10mL 乙醇，混合。冷却后将混合物移入 100mL 具塞量筒中，用 25mL 乙醚分次洗试管，洗液一并倒入量筒中。加塞振摇 1min，小心开塞放出气体，再塞好，静置 12min，小心开塞，用石油醚-乙醚等量混合液冲洗塞及筒口附着的脂肪。静置 10~20min，待上部液体澄清，吸出上清液于已恒重的烧瓶内，再加 5mL 石油醚-乙醚等量混合液于具塞量筒内，振摇，静置后，仍将上层乙醚吸出，放入原烧瓶内，将烧瓶于水浴上蒸干后，置 100~105℃烘箱中干燥 2h，取出，放进干燥器内冷却 30min 后称重，反复干燥冷却操作至恒重。

（六）结果计算

脂肪含量的计算公式：

$$X = \frac{m_1 - m_0}{m} \times 100\% \qquad (3-10)$$

式中　X——试样中脂肪的含量，%；

m——样品质量，g；

m_1——粗脂肪和脂肪烧瓶的质量，g；

m_0——脂肪烧瓶的质量，g。

（七）说明及注意事项

（1）测定的样品需充分磨细，液体样品需充分混合均匀，以使消化完全。

（2）水解后加的乙醇可使蛋白质沉淀，促进脂肪球聚合，同时溶解一些碳水化合物、有机酸等。

（3）样品加热、加酸水解，可使结合脂肪游离，所以本法测定的是食品中的总脂肪，包括结合脂肪和游离脂肪。

（4）由于磷脂在酸水解条件下分解为脂肪酸和碱，故本法不宜用于测定含有大量磷脂的食品如鱼类、贝类和蛋品；也不适用于含糖高的食品，因糖类遇强酸易炭化而影响测定结果。

三、盖勃氏法测定乳脂肪含量

（一）实验目的

（1）掌握盖勃氏法测定乳脂肪含量的原理及操作要点。

（2）了解盖勃氏法测定乳脂肪含量的适用范围。

（二）实验原理

用硫酸溶解乳中的乳糖和蛋白质，将牛乳中的酪蛋白钙盐转变成可溶性的重硫酸酪蛋白，脂肪球膜被破坏，脂肪游离出来，再利用加热离心，使脂肪完全迅速分离，直接读取脂肪层可知被测乳品的含脂率。

（三）材料和试剂

1. 材料

牛乳及乳制品。

2. 试剂

（1）硫酸。

（2）异戊醇（相对密度 0.811±0.002，沸程 128~132℃）。

（四）仪器和设备

盖勃氏乳脂瓶、离心机、水浴锅等常规实验设备。

（五）测定步骤

将 10mL 硫酸注入盖勃氏乳脂瓶中，再精确量取 11mL 牛乳、1mL 异戊醇注入乳脂瓶中，盖紧塞子，振摇至呈均匀棕色液体，静置数分钟后，置于 65~70℃水浴中 5min，取出擦干，调节脂肪柱在刻度内，放入离心机（800~1000r/min）中离心 5min 后，将乳脂瓶置于 65~70℃水浴中 5min 后，取出读数，即为脂肪的含量。

（六）说明及注意事项

（1）硫酸的浓度要严格遵守规定的要求，如过浓会使乳炭化成黑色溶液而影响读数；过稀则不能使酪蛋白完全溶解，会使测定值偏低或脂肪层浑浊。

（2）硫酸除可破坏脂肪球膜，使脂肪游离出来外，还可增加液体相对密度，使脂肪容易浮出。

（3）使用异戊醇的作用是促使脂肪析出，并降低脂肪球的表面张力，以利于形成连续的脂肪层。

（4）加热和离心的目的是促使脂肪浮出。

第五节　碳水化合物的测定

一、斐林试剂滴定法测定还原糖含量

（一）实验目的

（1）掌握斐林试剂滴定法测定还原糖含量的原理和方法。

（2）了解食品样品预处理方法及影响滴定结果的因素。

斐林试剂滴定法测定还原糖含量

（二）实验原理

将碱性酒石酸铜甲液、乙液等量混合，立即生成天蓝色的氢氧化铜沉淀，这种沉淀很快与酒石酸钾钠反应，生成深蓝色的可溶性酒石酸钾钠铜配合物。在加热条件下，以次甲基蓝作为指示剂，用除蛋白质后的样品溶液进行滴定，样品溶液中的还原糖与酒石酸钾钠铜反应，生成红色的氧化亚铜沉淀，氧化亚铜再与试剂中的亚铁氰化钾反应，生成可溶性化合物。待二价铜全部被还原后，稍过量的还原糖将次甲基蓝还原为其隐色体，溶液的蓝色消失，即为滴定终点。根据样品溶液消耗量可计算还原糖含量。

（三）材料和试剂

1. 材料

食品样品。

2. 试剂

（1）碱性酒石酸铜甲液　称取 15g 硫酸铜（$CuSO_4 \cdot 5H_2O$）及 0.05g 次甲基蓝，溶于水中并稀释到 1000mL。

（2）碱性酒石酸铜乙液　称取 50g 酒石酸钾钠（$C_4H_4O_6KNa \cdot 4H_2O$）及 75g 氢氧化钠，溶于水中，再加入 4g 亚铁氰化钾，完全溶解后，用水稀释至 1000mL，储存于橡皮塞玻璃瓶中。

（3）乙酸锌溶液　称取 21.9g 乙酸锌［$Zn(CH_3COO)_2 \cdot 2H_2O$］，加 3mL 冰乙酸，加水溶解并稀释到 100mL。

（4）亚铁氰化钾溶液　称取 10.6g 亚铁氰化钾，溶于水中，稀释至 100mL。

（5）葡萄糖标准溶液　准确称取 1.0000g 经过 98~100℃ 干燥 2h 的纯葡萄糖，加水溶解后移入 1000mL 容量瓶中，加入 5mL 盐酸（防止微生物生长），用水稀释到 1000mL。此溶液的葡萄糖含量为 1mg/mL。

（四）仪器和设备

酸式滴定管、电炉、容量瓶、锥形瓶等。

（五）测定步骤

1. 样品处理

（1）乳类、乳制品及含蛋白质的食品　称取 2.5~5.0g 固体样品（液体样品吸取 25~

50mL)，置于250mL容量瓶中，加50mL蒸馏水，摇匀。边摇边慢慢加入5mL乙酸锌溶液及5mL亚铁氰化钾溶液，加水至刻度，混匀静置30min，用干燥滤纸过滤，弃去初滤液，所得滤液备用。

（2）酒精性饮料 吸取10.00mL样品，置于蒸发皿中，用1mol/L氢氧化钠溶液中和至中性，在水浴上蒸发至原体积1/4后（注意保持溶液pH为中性），移入250mL容量瓶中。加水至刻度。

（3）含淀粉多的食品 称取10.00~20.00g样品，置于250mL烧杯中，加150mL水，在45℃水浴中加热1h，并时时搅动。取出冷却后转移至250mL容量瓶中，加水至刻度，混匀，静置。吸取200mL上清液于另一250mL容量瓶中，以下按（1）中从“边摇边慢慢加入5mL乙酸锌溶液”起依次操作。

（4）汽水等含有二氧化碳的饮料 吸取100mL样品置于蒸发皿中，在水浴上除去二氧化碳后，移入250mL容量瓶中，并用水洗涤蒸发皿，洗液并入容量瓶中，再加水至刻度，混匀后备用。

2. 碱性酒石酸铜溶液的标定

准确吸取碱性酒石酸铜甲液和乙液各5.00mL，置于150mL锥形瓶中，加水10mL，加玻璃珠3粒。从滴定管滴加约9mL葡萄糖标准溶液，加热使其在2min内沸腾，趁热以1滴/2s的速度继续滴加葡萄糖标准溶液，直至溶液蓝色刚好褪去为终点，记录消耗葡萄糖标准溶液的总体积。平行操作3次，取其平均值。计算每10mL（甲、乙液各5mL）碱性酒石酸铜溶液相当于葡萄糖的质量（mg）。

3. 样品溶液预测

吸取碱性酒石酸铜甲液和乙液各5.00mL，置于150mL锥形瓶中，加水10mL，加玻璃珠3粒，加热使其在2min内沸腾，趁热以先快后慢的速度从滴定管中滴加样品溶液，滴定时要始终保持溶液呈沸腾状态。待溶液蓝色变浅时，以1滴/2s的速度滴定，直至溶液蓝色刚好褪去，出现亮黄色为终点。如果样品颜色较深，滴定终点则为蓝色褪去为终点，记录样品溶液消耗的体积。

4. 样品溶液测定

吸取碱性酒石酸铜甲液和乙液各5.00mL，置于150mL锥形瓶中，加水10mL，加玻璃珠3粒。从滴定管中加入比预测时样品溶液消耗总体积少1mL的样品溶液，加热使其在2min内沸腾，然后趁热以1滴/2s的速度滴加样液，直至蓝色刚好褪去为终点。记录消耗样品溶液的总体积。同法平行操作3份，取平均值。

（六）结果计算

样品中还原糖含量：

$$X = \frac{m_1}{m \times \frac{V}{250} \times 1000} \times 100\% \tag{3-11}$$

式中 X——样品中还原糖的含量（以葡萄糖计），%；

m——样品质量，g；

m_1——每10mL（甲、乙液各5mL）碱性酒石酸铜溶液相当于葡萄糖的质量，mg；

V——滴定时平均消耗样品溶液的体积，mL；

250——样品处理溶液总体积，mL。

（七）说明及注意事项

（1）乙酸锌可使蛋白质、树脂等形成沉淀，经过滤除去。如果钙离子过多时，易与葡萄糖、果糖生成络合物，使滴定速度缓慢，从而导致结果偏低。可向样品中加入草酸粉末，与钙结合，形成沉淀并过滤。

（2）滴定时，还原的次甲基蓝易被空气中的氧氧化，恢复成原来的蓝色，所以滴定过程中必须保持溶液呈沸腾状态，并且避免滴定时间过长。

（3）样品溶液预测目的　一是本法对样品溶液中还原糖浓度有一定要求（0.1%左右），测定时样品溶液的消耗体积应与标定葡萄糖标准溶液时消耗的体积相近，通过预测可了解样品溶液浓度是否合适，浓度过大或过小应加以调整，使预测时消耗样液量在10mL左右；二是通过预测可知道样液的大概消耗量，以便在正式测定时，预先加入比实际用量少1mL左右的样液，只留下1mL左右样液在续滴定时加入，以保证在1min内完成续滴定工作，提高测定的准确度。

二、斐林试剂滴定法测定总糖含量

（一）实验目的

掌握斐林试剂滴定法测定总糖含量的原理和方法。

（二）实验原理

样品经除去蛋白质后，加盐酸将样品中的可溶性糖水解转化为还原糖，再利用还原糖测定法测出总糖含量。

（三）材料和试剂

1. 材料

食品样品。

2. 试剂

（1）碱性酒石酸铜甲液、碱性酒石酸铜乙液。

（2）乙酸锌溶液、亚铁氰化钾溶液。

（3）1mg/mL葡萄糖标准溶液。

（4）6mol/L盐酸溶液、6mol/L氢氧化钠溶液。

（四）仪器和设备

酸式滴定管、恒温水浴锅、电炉、容量瓶、锥形瓶等。

（五）测定步骤

1. 样品处理

样品处理方法见“斐林试剂滴定法测定还原糖含量”。

2. 样品转化

吸取制得的样液50mL于大试管中，加6mol/L盐酸5mL，摇匀。在68~70℃水浴中加热15min，取出迅速冷却至室温。用6mol/L氢氧化钠溶液中和至中性，转移至100mL容量瓶中，加水至刻度。摇匀，注入滴定管中（必要时过滤）。

3. 斐林试剂的标定和样品测定

（1）碱性酒石酸铜溶液的标定　准确吸取碱性酒石酸铜甲液和乙液各5.00mL，置于

150mL 锥形瓶中，加水 10mL，加玻璃珠 3 粒。从滴定管滴加约 9mL 葡萄糖标准溶液，加热使其在 2min 内沸腾，趁热以 1 滴/2s 的速度继续滴加葡萄糖标准溶液，直至溶液蓝色刚好褪去为终点，记录消耗葡萄糖标准溶液的总体积。平行操作 3 次，取其平均值。计算每 10mL（甲、乙液各 5mL）碱性酒石酸铜溶液相当于葡萄糖的质量（mg）。

（2）样品溶液预测　吸取碱性酒石酸铜甲液和乙液各 5.00mL，置于 150mL 锥形瓶中，加水 10mL，加玻璃珠 3 粒，加热使其在 2min 内沸腾，趁热以先快后慢的速度从滴定管中滴加样品溶液，滴定时要始终保持溶液呈沸腾状态。待溶液蓝色变浅时，以 1 滴/2s 的速度滴定，直至溶液蓝色刚好褪去，出现亮黄色为终点。如果样品颜色较深，滴定终点则为蓝色褪去为终点，记录样品溶液消耗的体积。

（3）样品溶液测定　吸取碱性酒石酸铜甲液和乙液各 5.00mL，置于 150mL 锥形瓶中，加水 10mL，加玻璃珠 3 粒，加热使其在 2min 内沸腾，快速从滴定管中加入比预测时样品溶液消耗总体积少 1mL 的样品溶液，然后趁热以 1 滴/2s 的速度滴加样液，直至蓝色刚好褪去为终点。记录消耗样品溶液的总体积。同法平行操作 3 份，取平均值。

（六）结果计算

样品中总糖含量（以转化糖计）的计算公式：

$$X = \frac{m_1}{m \times \frac{50}{250} \times \frac{V}{100} \times 1000} \times 100\% \qquad (3-12)$$

式中　X——试样的总糖含量,%；

m——样品质量，g；

m_1——每 10mL（甲、乙液各 5mL）碱性酒石酸铜溶液相当于葡萄糖的质量，mg；

V——滴定时平均消耗样品溶液的体积，mL。

三、间苯二酚分光光度法测定蔗糖含量

（一）实验目的

（1）掌握间苯二酚分光光度法测定蔗糖含量的基本原理。

（2）学习分光光度计的基本操作。

（二）实验原理

食品中的蔗糖在浓酸作用下生成单糖，由单糖进一步形成的羟甲基糠醛和酚类化合物间苯二酚形成紫红色物质，可进行分光光度法测定。

间苯二酚分光光度法测定蔗糖含量

（三）材料和试剂

1. 材料

食品样品。

2. 试剂

（1）6mol/L 盐酸、10mol/L 盐酸、2mol/L 氢氧化钠溶液。

（2）间苯二酚溶液　称取 0.1g 间苯二酚，用 6mol/L 盐酸溶解后定容至 100mL。

（3）蔗糖标准溶液　准确称取 0.1000g 恒重蔗糖，以蒸馏水溶解并定容至 100mL。吸取 40mL 定容液于另一容量瓶中，用蒸馏水稀释至刻度，即为 0.4mg/mL 的蔗糖标准溶液。

（四）仪器和设备

电热恒温干燥箱、电热恒温水浴锅、分光光度计、分析天平、容量瓶、移液管、吸量管、比色管、研钵、烧杯、漏斗等。

（五）测定步骤

1. 样品制备

精确称取新鲜样品 10g 于研钵中磨碎，用适量蒸馏水将磨碎样品移至烧杯中，80℃水浴加热 20min，然后冷却，并转移至容量瓶中定容至 100mL，用滤纸过滤，滤液待用。

2. 标准曲线的制作

吸取蔗糖标准溶液 0、0.1、0.2、0.3、0.4、0.5、0.6mL 分别置于各比色管中，用蒸馏水使各管溶液体积补足至 0.9mL。然后在各比色管中各加入 0.1mL 2mol/L 氢氧化钠溶液，使氢氧化钠溶液的最终浓度为 0.2mol/L，振荡混匀后，在 100℃的沸水浴中加热 10min，立即在流水中冷却。

各比色管中加入 1.0mL 间苯二酚溶液、3.0mL 10mol/L 盐酸，摇匀后放入 80℃水浴中加热 8min，冷却后用分光光度计在 500nm 波长处测定各比色管中溶液的吸光度。

以标准的蔗糖溶液量为横坐标，其相对应的吸光度为纵坐标，绘制标准曲线。

3. 样品溶液中蔗糖的测定

吸取样品溶液（滤液）0.9mL（取样体积可根据样品中蔗糖含量的高低进行调整）于比色管中，估计相当于蔗糖含量 40~200μg/mL，用蒸馏水将溶液体积补足至 0.9mL。以下与标准曲线制作中的操作方法相同，最后在 500nm 波长处测定溶液的吸光度，然后根据所测的吸光度在标准曲线上查出相应溶液的含糖量。

（六）结果计算

样品中蔗糖含量的计算公式：

$$X = \frac{C \times F}{m \times V \times 10^6} \times 100\% \tag{3-13}$$

式中　X——试样中蔗糖的含量，%；

C——根据样品液的吸光度从标准曲线中查得的含糖量，μg；

F——样品溶液定容体积，mL；

m——样品质量，g；

V——比色时吸取样品溶液的体积，mL。

四、气相色谱法分离和测定糖含量

（一）实验目的

（1）学习并掌握气相色谱法分离和测定糖含量。

（2）学习气相色谱的基本操作。

（二）实验原理

糖类物质是一类含有羟基的有机高沸点或热不稳定化合物。糖类分子间引力一般较强，挥发性弱，故不能直接进行气相色谱法分析。但把糖制成某种具有挥发性的衍生物，就可以用气相色谱法进行分离定量。

样品经处理后，进行衍生使其生成挥发性的三氯硅烷（TMS）衍生物，然后注入气相色谱仪，在一定色谱条件下进行分离，得出色谱图，再与标准样品的色谱图比较，根据峰的保留时间定性，根据峰面积内标法定量。

（三）材料和试剂

1. 材料

果汁、果酱。

2. 试剂

（1）六甲基二硅胺烷（HMDS）、三氟乙酸。

（2）糖混合标准溶液　精确称取在70℃下减压干燥的果糖、葡萄糖、蔗糖、麦芽糖、山梨糖醇、麦芽糖醇各1.0000g，用水定容到1000mL。此溶液每毫升含各种糖1mg。

（3）吡啶　用氢氧化钾干燥后蒸馏。

（4）0.8mg/mL 芘的吡啶溶液　作内标用。

（四）仪器和设备

气相色谱仪（附有火焰离子化检测器）、旋转式汽化器、微量注射器、离心机、台秤、冷冻干燥装置、减压浓缩装置。

（五）测定步骤

1. 样品溶液的制备

取实验样品适量（约含200mg糖），置于200mL的烧杯中，加水50mL，充分混合使实验样品分散。用氢氧化钠溶液调整溶液的pH到7，再用水稀释到200mL，离心分离，取上清液作为实验样品溶液。

2. 三氯硅烷衍生物溶液的制备

吸取上述制备的样品溶液10mL（总糖量在10mg以下），放入25mL的磨口圆底烧瓶中，水溶液的实验样品经冷冻干燥装置干燥。用微量注射器吸取内标物芘的吡啶溶液500μL，加到干燥的实验样品中。然后加六甲基二硅胺烷0.45mL、三氟乙酸0.05mL，加塞，充分振荡混匀，使糖溶解，在室温下放置15~60min，即得三氯硅烷衍生物溶液。

3. 色谱条件的设定

色谱柱：3%Silicone DCQF-1，Chromosorb W（AW，DMOS）60~80目；

色谱柱温度和升温速度：120~240℃，6℃/min；

进样口和检测器温度：250℃；

载气氮气流量：60mL/min；

氢气流量：50mL/min；

空气流量：1000mL/min。

4. 标准工作曲线的制作

吸取标准溶液（每种糖含量0~3mg）0.5、1.0、1.5、2.0、2.5、3.0mL，分别置于磨口圆底烧瓶中，冷冻干燥后，按实验样品的操作方法进行三氯硅烷衍生。吸取衍生液1μL，注入色谱仪中进行分析，得出标准溶液色谱图，从所得色谱图计算糖和内标物的峰面积。以糖的量（mg）/内标物的含量（mg）为横坐标，以糖的峰面积/内标物的峰面积为纵坐标，根据最小二乘法求回归直线，即为标准工作曲线。

5. 测定和计算

取实验样品的三氯硅烷衍生物溶液 1μL 注入色谱仪中，得出样液的色谱图，与标准溶液色谱图比较，根据峰保留时间定性。然后再计算糖的峰面积与内标物峰面积的比值，查标准曲线得出实验样品中糖的含量。

（六）结果计算

样品中含糖量计算公式：

$$X = \frac{m_1}{m \times 1000} \times \frac{100}{10} \times \frac{1000}{1} \times 100\% \tag{3-14}$$

式中　X——试样的含糖量，%；

m——称取的样品量，g；

m_1——在标准曲线上查得的 1μL 实验样品的三氯硅烷衍生物溶液相应的含糖量，mg。

五、折光仪法测定可溶性固形物（糖类）含量

（一）实验目的

（1）掌握折光仪法测定可溶性固形物（糖类）含量的原理和方法。

（2）掌握折光仪的使用方法。

折光仪法测定可溶性固形物（糖类）含量

（二）实验原理

折光仪能测定物质溶液或液体物质的折射率。折射率是物质的一个重要物理指标，可用来判断其均一程度和纯度。溶液折射率的大小取决于物质的性质，即不同物质有不同的折射率；对于同一物质而言，溶液的折射率随着其浓度的增大而递增，即折射率的大小取决于该物质溶液浓度的大小。

（三）材料和试剂

1. 材料

果蔬、饮料、脱脂棉球。

2. 试剂

50g/L、200g/L、450g/L 的蔗糖溶液，乙醇。

（四）仪器和设备

阿贝折光仪、研钵或榨汁器等。

（五）测定步骤

1. 样品处理

取约 5g 的各种果蔬样品分别用榨汁器榨汁，或放入研钵中磨碎后取汁，汁液分别过滤待用。饮料可直接测定。

2. 仪器校正

分开上下两面棱镜，以脱脂棉球蘸取乙醇擦净，挥干乙醇。滴加 1～2 滴蒸馏水于折光仪的下棱镜上，迅速将上下两块棱镜闭合，调整反射镜，使光线射入棱镜中，达到视野最亮。旋动棱镜旋钮，使得读数镜筒中折射率读数指示为蒸馏水的折射率值（20℃时为 1. 3330，25℃时为 1. 3325）。由目镜观察黑白分界线是否位于十字交叉点上，如果不重合，则调节校准螺丝，

使得黑白分界线通过十字交叉点上。若有色散，则旋动色散补偿器旋钮消除色散。

测定样品时不能再次转动校准螺丝。

3. 加样和对光

分开上下两面棱镜，以脱脂棉球蘸取乙醇擦净，挥干乙醇。滴加 1~2 滴样品汁液或蔗糖溶液于折光仪的下棱镜上，迅速将上下两块棱镜闭合，调整反射镜，使光线射入棱镜中，达到视野最亮。

4. 调整视野

由目镜观察，旋动棱镜旋钮，使视野出现明暗两部分。再旋动色散补偿器旋钮，使视野中除黑白两色外，无其他颜色。最后再旋动棱镜旋钮，使明暗分界线在十字交叉点。

5. 读数与校正

通过放大镜在读数镜筒里的刻度尺进行读数，读取并记录折射率和百分浓度值。校正方法见（六）说明及注意事项。

6. 其他样品测定

用脱脂棉球吸水擦净并抹干棱镜表面。每个样品重复上述步骤 2~4 次。

7. 测定温度

分别测定各种实验样品溶液的温度。

8. 复原

测定完成后，用脱脂棉球蘸水、乙醇或乙醚擦净棱镜表面。

（六）说明及注意事项

（1）一般折光仪刻度盘上都标示了折射率的读数。此外，在折射率刻度尺的另一侧，通常还有一个直接表示折射率相当于可溶性固形物百分数的刻度尺，使用时非常方便。

（2）本实验使用的阿贝折光仪，折射率刻度范围为 1.3000~1.7000，测量精确度为 ±0.003，可测的糖溶液浓度范围为 0~95%，相当于折射率为 1.333~1.531，测定的温度范围为 10~50℃。

（3）如果测定时样品溶液的温度不是 20℃，这时的固形物含量应进行校正，即根据当时测定温度，查附录六可得到可溶性固形物的准确含量。

温度高于 20℃时，应将固形物量加上校正值。例如，在温度 26℃时测定的固形物含量为 10.0%，查表得校正值为 0.43，则 20℃时固形物的准确含量为 10.0%+0.43%=10.43%。

温度低于 20℃时，应将固形物量减去校正值。例如，在温度 12℃时测定的固形物含量为 5.0%，查表得校正值为 0.45，故 20℃时固形物的准确含量应为 5.0%-0.45%=4.55%。

（4）折光仪法常用于测定一般以糖为主要成分的食品，如鲜果、果蔬制品、蜂蜜、糖浆制品等的固形物。而果酱、果泥等密度大的样品的固形物由可溶性固形物和悬浮物组成，由于悬浮物的固体粒子不能在折光仪上反映出它的折射率，用折光仪法测定这类样品固形物的结果与干燥法的测定结果差别较大，因此测定这类样品的固形物只能在允许的条件下进行。

六、旋光仪法测定淀粉含量

（一）实验目的

（1）掌握旋光仪的操作使用。

（2）了解旋光仪法测定淀粉含量的基本原理和方法。

（二）实验原理

淀粉具有旋光性，在一定条件下旋光度的大小与淀粉的浓度成正比。提取时用氯化钙溶液作为溶剂，样品加入氯化钙溶液后，钙离子与淀粉分子上的羟基生成络合物，使它对水具有较高的亲和力，这样，淀粉便可溶解在水中。测定旋光度，即可计算出淀粉含量。

样品中的蛋白质会干扰测定，可在提取溶液中加入氯化锡溶液作澄清剂，以使蛋白质生成沉淀后过滤除去。

根据提取剂的组成及萃取方法，淀粉的 $[\alpha]_D^{20}$ 为+190°~+203°。由于淀粉的比旋光度较高，除糊精外，干扰物质的影响可忽略不计。又由于直链淀粉和支链淀粉的比旋光度很相近，因此，不同来源的淀粉，都可以用旋光仪法来测定。

（三）材料和试剂

1. 材料

食品样品。

2. 试剂

（1）氯化钙（$CaCl_2 \cdot 6H_2O$）、氯化锡（$SnCl_4 \cdot 5H_2O$）、乙酸、辛醇。

（2）氯化钙溶液的配制　溶解 2 份 $CaCl_2 \cdot 6H_2O$ 于 1 份水中，调节溶液的相对密度为 1.30（20℃）。用浓度为 1.6%的乙酸调节溶液的 pH 至 2.5±0.3。

（3）氯化锡溶液的配制　溶解 2.5g $SnCl_4 \cdot 5H_2O$ 于 75mL 的氯化钙溶液中。

（四）仪器和设备

旋光仪、100mm 旋光管、相对密度计、电炉、研钵、表面皿等。

（五）测定步骤

1. 样品溶液的制备

精确称取样品 2~5g，置于 250mL 烧杯中，加蒸馏水 10mL，搅拌，使样品湿润，加入 70mL 氯化钙溶液，用表面皿盖好，在 5min 内加热至沸，继续煮沸 15min，随时搅拌以避免样品附着于液面以上的烧杯壁上，若泡沫过多，可加入 1~2 滴辛醇消泡。

迅速冷却，移入 100mL 容量瓶中，用氯化钙溶液淋洗烧杯壁上附着的样品，合并入容量瓶中，于容量瓶中加入 5mL 氯化锡溶液，最后用氯化钙溶液定容至刻度，混匀，用滤纸过滤，弃去初滤液约 15mL，收集其余的续滤液，待测定旋光度用。

2. 旋光度的测定

取洁净且干燥的 100mm 旋光管，用相当于旋光管容积 2/3 的样品溶液洗涤 2 次。在（20±0.1）℃下将样品溶液装满旋光管，放进旋光仪的旋光管槽内。读取样品溶液的旋光度，取 5 次读数的平均值。

用同样长度的旋光管装满空白液或蒸馏水，放进旋光仪的旋光管槽，读取零视场时的读数，也取 5 次读数的平均值。如果该读数平均值不为零时，应对样品溶液的读数进行修正。

（六）结果计算

试样中淀粉含量计算公式：

$$淀粉含量(\%) = \frac{\alpha \times 100}{[\alpha]_D^{20} \times l \times m} \times 100 \qquad (3-15)$$

式中　α——经修正后样品溶液的旋光度读数平均值；

$[\alpha]_D^{20}$——淀粉的比旋光度（不同粮食的比旋光度不同）；

l——旋光管长度，dm；

m——样品质量，g。

（七）说明及注意事项

（1）本法适用于不同来源的淀粉。本法重现性好、操作简便、快速，由于淀粉的比旋光度大，直链淀粉和支链淀粉的比旋光度又很接近，因此本法对于可溶性糖类含量不高的谷物样品具有较高的准确度。

（2）对于蛋白质含量较高的样品，还有一些未知或性质不清楚的样品及淀粉已经受热或变性的样品，如高蛋白营养米粉，用旋光仪法测定时误差较大。

七、重量法测定粗纤维含量

（一）实验目的

（1）了解重量法测定食品中粗纤维含量的基本原理和意义。

（2）掌握重量法测定粗纤维含量的基本操作技术。

（二）实验原理

在热的稀硫酸作用下，试样中的糖、淀粉、果胶质和半纤维素经水解除去后，再用稀碱加热处理，使蛋白质溶解、脂肪皂化而除去，然后用乙醇和乙醚处理以除去单宁、色素及残余的脂肪，剩余的残渣为粗纤维。如其中含有无机物质，可灰化后扣除。

（三）材料和试剂

1. 材料

食品样品。

2. 试剂

（1）1.25%硫酸溶液。

（2）12.5g/L 氢氧化钾溶液。

（3）石棉　加 50g/L 氢氧化钠溶液浸泡石棉，在水浴上回流 8h 以上，再用热水充分洗涤。然后用 20%盐酸浸泡并在沸水浴上回流 8h 以上，再用热水充分洗涤，干燥。在 600~700℃灼烧后，加水使成混悬物，储存于具塞玻璃瓶中。

（四）仪器和设备

分析天平、组织捣碎机、抽滤系统、烘箱、高温电炉、亚麻布、布氏漏斗、滤纸、古氏坩埚、锥形瓶等。

（五）测定步骤

1. 称样

准确称取 20~30g 捣碎的食品样品（或 5g 干试样），置于 500mL 锥形瓶中。

2. 酸处理

将已沸腾的 200mL 1.25%硫酸溶液加入锥形瓶中，连接冷凝管并开通冷凝水，立即加热，2min 内沸腾，每隔 5min 摇动锥形瓶一次，微沸 30min。立即用衬有亚麻布的布氏漏斗抽滤，用 200mL 沸水分四次将锥形瓶中的酸处理内容物彻底洗涤并转移至布氏漏斗中，直至洗液不呈酸性，最后抽干。

3. 碱处理

将滤渣连同亚麻布用200mL已沸腾的12.5g/L氢氧化钾溶液转移至原锥形瓶中，亚麻布洗净后取出。

连接冷凝管开通冷凝水，如上法微沸30min。立即用已铺好石棉并烘干称重的古氏坩埚抽滤，先用沸水，再用25mL 1.25%硫酸溶液洗涤，最后用沸水洗至中性，洗涤两次，每次50mL。

4. 醇、醚处理

经酸碱处理后的残留物用15mL 95%乙醇分2~3次洗涤，再用15mL乙醚分数次洗涤。最后抽干。

5. 干燥、灼烧

将酸碱和醇醚处理后的残留物和古氏坩埚一并放在105℃的电热恒温烘箱加热2h，取出放入玻璃干燥器中冷却，称重，重复操作，直至恒重。

如试样中含有较多的不溶性杂质，将烘干后的残留物和古氏坩埚一并放到550℃的高温电炉中灼烧30min，待炉温降至200℃左右，取出古氏坩埚放入玻璃干燥器中冷却，称重，重复操作，直至恒重，所损失的量即为粗纤维量。

（六）结果计算

试样中粗纤维含量计算公式：

$$X = \frac{G}{m} \times 100\% \tag{3-16}$$

式中　X——试样中的粗纤维含量，%；

G——经烘箱干燥后残余物的质量（样品不含无机物质）或经高温炉灼烧损失的质量，g；

m——试样的质量，g。

八、酶重量法测定膳食纤维含量

（一）实验目的

（1）了解食品中膳食纤维含量测定的意义。

（2）掌握膳食纤维含量测定的方法。

（二）实验原理

取干燥试样，经α-淀粉酶、蛋白酶和葡萄糖苷酶酶解消化，去除蛋白质和淀粉，酶解后的样液用乙醇沉淀、过滤，残渣用乙醇和丙酮洗涤，干燥后物质称重即为总膳食纤维残渣。另取试样经上述三种酶酶解后直接过滤，残渣用热水洗涤，经干燥后称重，即得不溶性膳食纤维残渣。滤液用4倍体积的95%乙醇沉淀、过滤、干燥后称重，得可溶性膳食纤维残渣。以上所得残渣干燥称重后，分别测定其蛋白质和灰分。总膳食纤维（TDF）、不溶性膳食纤维（IDF）和可溶性膳食纤维（SDF）的残渣扣除蛋白质、灰分和空白即可计算出试样中总的、不溶性和可溶性膳食纤维的含量。

本方法测定的总膳食纤维是指不能被α-淀粉酶、蛋白酶和葡萄糖苷酶酶解消化的碳水化合物聚合物，包括纤维素、半纤维素、木质素、果胶、部分回生淀粉、果聚糖及美拉德反应产物等；一些小分子（聚合度3~12）的可溶性膳食纤维，如低聚果糖、低聚半乳糖、多聚葡萄糖、抗性麦芽糊精和抗性淀粉等，由于能部分或全部溶解在乙醇溶液中，本方法不能够准确测量。

（三）材料和试剂

1. 材料

食品样品。

2. 试剂

（1）95%乙醇。

（2）85%乙醇溶液　取 895mL 95%乙醇于 1L 容量瓶中，用水稀释至刻度，混匀。

（3）78%乙醇溶液　取 821mL 95%乙醇于 1L 容量瓶中，用水稀释至刻度，混匀。

（4）热稳定 α-淀粉酶溶液　于 0~5℃冰箱储存。

（5）蛋白酶溶液　用 MES-Tris 缓冲液配成浓度为 50mg/mL 的蛋白酶溶液，现用现配，于 0~5℃储存。

（6）淀粉葡萄糖苷酶溶液　于 0 ~5℃冰箱储存。

（7）酸洗硅藻土　取 200g 硅藻土于 600mL 的 2mol/L 盐酸中，浸泡过夜，过滤，用蒸馏水洗至滤液为中性，置于（525±5）℃马弗炉中灼烧灰分后备用。

（8）MES　2-（*N*-吗啉代）乙烷磺酸。

（9）Tris 溶液　二羟甲基氨基甲烷。

（10）0.05mol/L MES-Tris 缓冲液　称取 19.52g MES 和 12.2g Tris，用 1.7L 蒸馏水溶解，用 6mol/L 氢氧化钠调 pH 至 8.2，加水稀释至 2L。

注：一定要根据温度调 pH，24℃时调 pH 为 8.2；20℃时调 pH 为 8.3；28℃时调 pH 为 8.1；20℃和 28℃之间的偏差，用内插法校正。

（11）3mol/L 乙酸溶液　取 172mL 乙酸，加入 700mL 水，混匀后用水定容至 1L。

（12）0.4g/L 溴甲酚绿溶液　称取 0.1g 溴甲酚绿于研钵中，加 1.4mL 0.1mol/L 氢氧化钠研磨，加少许水继续研磨，直至完全溶解，用水稀释至 250mL。

（13）石油醚　沸程 30~60℃。

（四）仪器和设备

高型无导流口烧杯、坩埚、真空装置、振荡水浴、分析天平、马弗炉、烘箱、干燥器、pH 计等。

（五）测定步骤

1. 样品制备

（1）将样品混匀后，70℃真空干燥过夜，然后置干燥器中冷却，干样粉碎后过 0.3~0.5mm 筛。

（2）若样品不能受热，则采取冷冻干燥后再粉碎过筛。

（3）若样品中脂肪含量>10%，正常的粉碎困难，可用石油醚脱脂，每次每克试样用 25mL 石油醚，连续 3 次，然后再干燥粉碎。要记录由石油醚造成的试样损失，最后在计算膳食纤维含量时进行校正。

（4）若样品糖含量高，测定前要先进行脱糖处理。每克试样用 85%乙醇 10mL 处理 2~3 次，40℃下干燥过夜。

粉碎过筛后的干样存放于干燥器中待测。

2. 试样酶解

（1）准确称取双份样品 m_1 和 m_2（1.0000±0.0020）g，把称好的试样置于 400mL 或 600mL

高型无导流口烧杯中，加入 pH 8.2 的 MES-Tris 缓冲液 40mL，用磁力搅拌直至试样完全分散在缓冲液中（避免形成团块，试样和酶不能充分接触）。

（2）热稳定 α-淀粉酶酶解　加 50μL 热稳定 α-淀粉酶溶液缓慢搅拌，然后用铝箔将烧杯盖住，置于 95~100℃的恒温振荡水浴中持续振摇，当温度升至 95℃开始计时，通常总反应时间 35min。

（3）冷却　将烧杯从水浴中移出，冷却至 60℃，打开铝箔盖，用刮勺将烧杯内壁的环状物以及烧杯底部的胶状物刮下，用 10mL 蒸馏水冲洗烧杯壁和刮勺。

（4）蛋白酶酶解　在每个烧杯中各加入 50mg/mL 蛋白酶溶液 100μL，盖上铝箔，继续水浴振摇，水温达 60℃时开始计时，在（60±1）℃条件下反应 30min。

（5）pH 测定　30min 后，打开铝箔盖，边搅拌边加入 3mol/L 乙酸溶液 5mL。溶液 60℃时，调 pH 至 4.5（以 0.4g/L 溴甲酚绿为外指示剂）。

注：一定要在 60℃时调 pH，温度低于 60℃ pH 升高。每次都要检测空白的 pH，若所测值超出要求范围，同时也要检查酶解液的 pH 是否合适。

（6）淀粉葡萄糖苷酶酶解　边搅拌边加入 100μL 淀粉葡萄糖苷酶溶液，盖上铝箔，持续振摇，水温到 60℃时开始计时，在（60±1）℃条件下反应 30min。

3. 测定

（1）总膳食纤维的测定

①沉淀：在每份试样中，加入预热至 60℃的 95%乙醇 225mL（预热以后的体积），乙醇与样液的体积比为 4∶1，取出烧杯，盖上铝箔，室温下沉淀 1h。

②过滤：用 78%乙醇 15mL 将称重过的坩埚中的硅藻土润湿并铺平，抽滤去除乙醇溶液，使坩埚中硅藻土在烧结玻璃滤板上形成平面。乙醇沉淀处理后的样品酶解液倒入坩埚中过滤，用刮勺和 78%乙醇将所有残渣转至坩埚中。

③洗涤：分别用 78%乙醇、95%乙醇和丙酮各 15mL 洗涤残渣各 2 次，抽滤去除洗涤液后，将坩埚连同残渣在 105℃烘干过夜。将坩埚置干燥器中冷却 1h，称重（包括坩埚、膳食纤维残渣和硅藻土），精确至 0.1mg。减去坩埚和硅藻土的干重，计算残渣质量。

④蛋白质和灰分的测定：称重后的试样残渣，分别按凯氏定氮法测定氮（N），以 6.25 为换算系数，计算蛋白质质量；按 GB 5009.4—2016《食品安全国家标准　食品中灰分的测定》测定灰分，即在 525℃灰化 5h，于干燥器中冷却，精确称量坩埚总质量（精确至 0.1mg），减去坩埚和硅藻土质量，计算灰分质量。

（2）不溶性膳食纤维的测定

①按步骤 2 试样酶解中描述的方法称取试样并进行酶解，将酶解液转移至坩埚中过滤。过滤前用 3mL 水润湿硅藻土并铺平，抽去水分使坩埚中的硅藻土在烧结玻璃滤板上形成平面。

②过滤洗涤：将试样酶解液全部转移至坩埚中过滤，残渣用 70℃热蒸馏水 10mL 洗涤 2 次，合并滤液，转移至另一 600mL 高型烧杯中，用于可溶性膳食纤维的测定。残渣分别用 78%乙醇、95%乙醇和丙酮 15mL 各洗涤 2 次，抽滤去除洗涤液，并按上述测定总膳食纤维的洗涤方法洗涤并干燥称重，记录残渣质量。

③同样测定蛋白质和灰分。

（3）可溶性膳食纤维的测定

①计算滤液体积：将不溶性膳食纤维过滤后的滤液收集到 600mL 高型无导流口烧杯中，通

过称“烧杯+滤液”总质量，扣除烧杯质量的方法估算滤液的体积。

②沉淀：滤液加入4倍体积预热至60℃的95%乙醇，室温下沉淀1h。以下测定按总膳食纤维的测定步骤②~④进行。

（六）结果计算

1. 空白的质量

$$m_B = \frac{m_{BR_1} + m_{BR_2}}{2} - m_{PB} - m_{AB} \tag{3-17}$$

式中 m_B——空白的质量，mg；

m_{BR_1} 和 m_{BR_2}——双份空白测定的残渣质量，mg；

m_{PB}——残渣中蛋白质质量，mg；

m_{AB}——残渣中灰分质量，mg。

2. 膳食纤维的含量

$$X = \frac{(m_{R_1} + m_{R_2})/2 - m_P - m_A - m_B}{(m_1 + m_2)/2} \times 100 \tag{3-18}$$

式中 X——膳食纤维的含量，g/100g；

m_{R_1} 和 m_{R_2}——双份试样残渣的质量，mg；

m_P——试样残渣中蛋白质的质量，mg；

m_A——试样残渣中灰分的质量，mg；

m_B——空白的质量，mg；

m_1 和 m_2——试样的质量，mg。

总膳食纤维（TDF）、不溶性膳食纤维（IDF）、可溶性膳食纤维（SDF）均用上述公式计算。

（七）说明及注意事项

总膳食纤维、不溶性膳食纤维和可溶性膳食纤维的测定方法的检测限均为0.1mg。

第六节 灰分及矿物元素的测定

一、灼烧法测定灰分含量

（一）实验目的

（1）学习食品中总灰分测定的意义和原理。

（2）掌握灼烧法测定灰分含量的基本操作技术及测定条件的选择。

（二）实验原理

将样品炭化后置于500~600℃高温炉内灼烧，样品中的水分及挥发物质以气体放出，有机物质中的碳、氢、氮等元素与有机物质本身的氧及空气中的氧生成二氧化碳、氮氧化物及水分而散失，无机物以硫酸盐、磷酸盐、碳酸盐、氧化物等无机盐和金属氧化物的形式残留下来，这些残留物即为灰分，称重残留物的质量即可计算出样品中总灰分的含量。

(三) 材料和试剂

1. 材料

食品样品。

2. 试剂

(1) 盐酸(1:4)。

(2) 辛醇或花生油。

(3) 氯化铁溶液 0.5%氯化铁($FeCl_3 \cdot 6H_2O$)和蓝墨水的等量混合液。

(四) 仪器和设备

高温电炉(马弗炉)、坩埚钳、带盖坩埚(石英坩埚或瓷坩埚)、分析天平、干燥器等。

(五) 测定步骤

1. 瓷坩埚的准备

将坩埚用盐酸(1:4)煮1~2h,洗净晾干后,用氯化铁溶液在坩埚外壁及盖上写上编号。置于马弗炉中,在500~550℃下灼烧1h,冷却至200℃左右后取出。放入干燥器中冷却至室温,准确称量,并反复灼烧至恒重(两次称重之差不超过0.5mg)。

2. 样品的预处理

(1) 果汁、牛乳等液体样品 准确称取适量样品于已知质量的坩埚中,先在沸水浴上蒸干,再进行炭化。

(2) 果蔬、动物组织等含水分较多的样品 先制备成均匀的样品,再准确称取适量样品于已知质量的坩埚中,置于烘箱中干燥后,再进行炭化。

(3) 谷物、豆类等水分含量较少的固体样品 先粉碎均匀,再取适量样品于已知质量的坩埚中进行炭化。

(4) 富含脂肪的样品 把样品制备均匀,准确称取一定量试样,提取脂肪后,再将残留物移入已知质量的坩埚中进行炭化。

以灰分量10~100mg来决定试样的取样量。通常如乳粉、大豆粉、调味料、鱼类及海产品等取样1~2g;谷类食品、肉及肉制品、糕点、牛乳等取样3~5g;蔬菜及其制品、糖及糖制品、淀粉及其制品、奶油、蜂蜜等取样5~10g;水果及其制品取样20g;油脂取样50g。

3. 样品的炭化

试样经上述预处理后,将坩埚置于马弗炉上,半盖坩埚盖,小心加热使试样充分炭化至无黑烟产生。若是易膨胀的样品,可先于样品中加入数滴辛醇或花生油,再进行炭化。

4. 样品的灰化

炭化后的试样置于马弗炉中,坩埚盖斜倚在坩埚口,关闭炉门,在500~550℃下灼烧一定时间,至灰中无炭粒存在。冷却至200℃左右后取出,放入干燥器中冷却至室温。准确称量,再灼烧、冷却、称量,直至达到恒量。在称量前如灼烧残渣有炭粒时,应向试样中滴入少许水湿润,使结块松散,蒸出水分再次灼烧至无炭粒即灰化完全。

在试样中加入优级纯的硝酸、过氧化氢等氧化剂,可加速试样的灰化;加入优级纯的碳酸铵、乙醇等试剂,可溶出盐溶性、醇溶性组分,加速灰化速度。试样中添加的这些灰化辅助剂经高温灼烧后完全挥发,不产生残留,测定中不需要做空白试验。

（六）结果计算

样品中灰分计算公式：

$$\omega = \frac{m_3 - m_1}{m_2 - m_1} \times 100 \tag{3-19}$$

式中　ω——样品中总灰分的含量，g/100g；

m_1——空坩埚的质量，g；

m_2——样品和坩埚的质量，g；

m_3——残灰和坩埚的质量，g。

（七）说明及注意事项

（1）样品炭化时要注意热源强度，防止产生大量泡沫溢出坩埚；只有炭化完全，即不冒烟后才能放入高温电炉中。灼烧空坩埚与灼烧样品的条件应尽量一致，以消除系统误差。

（2）把坩埚放入高温炉或从炉中取出时，要在炉口停留片刻，使坩埚预热或冷却。防止因温度剧变而使坩埚破裂。

（3）灼烧后的坩埚应冷却到200℃以下再移入干燥器中，否则因过热产生对流作用，易造成残灰飞散；且冷却速度慢，冷却后干燥器内形成较大真空，盖子不易打开。

（4）对于含糖分、淀粉、蛋白质较高的样品，为防止其发泡溢出，炭化前可加数滴纯植物油。

（5）新坩埚在使用前须在盐酸溶液中煮沸1~2h，然后用自来水和蒸馏水分别冲洗干净并烘干。用过的旧坩埚经初步清洗后，可用废盐酸浸泡20min左右，再用水冲洗干净。

（6）反复灼烧至恒重是判断灰化是否完全最可靠的方法。因为有些样品即使灰化完全，残灰不一定是白色或灰白色。例如，铁含量高的食品，残灰呈褐色；锰、铜含量高的食品，残灰呈蓝绿色；而有时即使灰的表面呈白色或灰白色，但内部仍有炭粒存留。

（7）灼烧温度不能超过600℃，否则会造成钾、钠、氯等易挥发成分的损失。

二、原子吸收法测定铁、镁、锰含量

（一）实验目的

（1）学习原子吸收分光光度计的原理及操作方法。

（2）掌握原子吸收法测定铁、镁、锰含量的操作。

（二）实验原理

试样经湿法消化后，导入原子吸收分光光度计中，经火焰原子化后，在特征光谱下，其吸光度与它们的含量成正比，与标准系列比较定量。

（三）材料和试剂

1. 材料

食品样品。

2. 试剂

（1）混合酸消化液　硝酸-高氯酸（4∶1）。

（2）0.5mol/L硝酸溶液　量取32mL硝酸，加去离子水并稀释至1000mL。

（3）铁、镁、锰标准溶液　准确称取金属铁、金属镁、金属锰（纯度大于99.99%）各

1.0000g，或含1.0000g纯金属相对应的氧化物。分别加硝酸溶解并移入三只1000mL容量瓶中，加0.5mol/L硝酸溶液并稀释至刻度。储存于聚乙烯瓶内，4℃保存。此三种溶液每毫升各相当于1mg铁、镁、锰。

（四）仪器和设备

原子吸收分光光度计、容量瓶和烧杯等常规玻璃仪器。

（五）测定步骤

1. 试样制备

微量元素分析的试样制备过程应特别注意防止各种污染。所用设备如电磨、绞肉机、匀浆器、打碎机等必须是不锈钢制品。所用容器必须是玻璃或聚乙烯制品。

新鲜湿试样（如蔬菜、水果、鲜鱼、鲜肉等）用自来水冲洗干净后，要用去离子水充分洗净。干粉类试样（如面粉、乳粉等）取样后立即装容器密封保存，防止空气中的灰尘和水分污染。

2. 试样消化

精确称取均匀干试样0.5~1.5g（湿试样2.0~4.0g，饮料等液体样品5.0~10.0g）于250mL高型烧杯中，加混合酸消化液20~30mL，上盖表面皿。置于电热板或电沙浴上加热消化。如未消化好而酸液过少时，再补加几毫升混合酸消化液，继续加热消化，直至无色透明为止。再加几毫升水，加热以除去多余的硝酸。待烧杯中的液体接近2~3mL时，取下冷却。用去离子水洗并转移于10mL刻度试管中，加水定容至刻度。

取与消化试样相同量的混合酸消化液，按上述操作做试剂空白测定。

3. 测定

将铁、镁、锰标准溶液分别配制不同浓度系列的标准稀释液。

将消化好的试样液、试剂空白液和元素的标准浓度系列分别导入原子吸收分光光度计，经火焰原子化后进行测定。具体测定操作参数如表3-2所示。

以各浓度系列标准稀释液与对应的吸光度绘制标准曲线。

表3-2 测定操作参数

元素	波长/nm	光源	火焰	标准系列浓度范围/（μg/mL）	稀释溶液
铁	248.3			0.5~4.0	
镁	285.2	紫外	空气-乙炔	0.05~1.0	0.5mol/L 硝酸溶液
锰	279.5			0.25~2.0	

其他实验条件，如仪器狭缝、空气及乙炔的流量、灯头高度、元素灯电流等均按使用的仪器说明调至最佳状态。

（六）结果计算

样品中元素的含量计算公式：

$$\omega = \frac{(c_1 - c_0) \times V \times F \times 100}{m \times 1000} \tag{3-20}$$

式中 ω——试样中元素的含量，mg/100g；

c_1——测定用试样液中元素的浓度（由标准曲线查出），μg/mL；

c_0——试剂空白液中元素的浓度（由标准曲线查出），μg/mL；

V——试样定容体积，mL；

F——稀释倍数；

m——试样的质量，g。

（七）说明及注意事项

（1）考虑到各种元素的干扰因素不同，测定时可根据需要进行掩蔽。

（2）在重复性条件下获得的两次独立测定结果的绝对差值不得超过算术平均值的10%。

三、高锰酸钾滴定法测定钙含量

（一）实验目的

（1）掌握用高锰酸钾滴定法测定钙含量的原理、步骤和操作技术。

（2）了解钙测定的意义和原理。

（二）实验原理

样品灰化后，用盐酸溶解，加草酸铵溶液生成草酸钙沉淀。沉淀经洗涤后，溶解于稀硫酸中，游离出的草酸用高锰酸钾标准溶液滴定，$C_2O_4^{2-}$ 被氧化为 CO_2，Mn^{7+}被还原为 Mn^{2+}。生成的草酸和硫酸钙的物质的量相等，从而计算出钙的含量。当溶液中存在 $C_2O_4^{2-}$ 时，加入高锰酸钾，发生氧化还原反应，红色立即消失，$C_2O_4^{2-}$ 完全被氧化后，高锰酸钾的颜色不再消失，呈现微红色，即为滴定终点，可以精确测定钙的含量。

（三）材料和试剂

1. 材料

食品样品。

2. 试剂

（1）盐酸溶液（1∶4）、乙酸溶液（1∶4）、NH_4OH 溶液（1∶4）。

（2）1g/L 甲基红指示剂。

（3）40g/L 草酸铵溶液。

（4）2mol/L 硫酸溶液。

（5）20g/L NH_4OH 溶液。

（6）0. 02mol/L 高锰酸钾标准溶液。

（四）仪器和设备

高温电炉、坩埚、坩埚钳、干燥器、分析天平、组织捣碎器、凯氏烧瓶、酸式滴定管等。

（五）测定步骤

1. 样品的处理

含钙量较低的样品用干法灰化法为宜，含钙量较高的样品，用湿法消化法为宜。

（1）干法灰化法　样品灰化后（用测定灰分后的样品），加入 1∶4 盐酸 5mL 置于水浴锅上蒸干，再加入 1∶4 盐酸 5mL 溶解并移入 50mL 容量瓶中，用 80℃热水少量多次洗涤蒸发皿，洗液合并于容量瓶中，冷却后加水定容，备用。

（2）湿法消化法　精确称取均匀干试样 2~5g 于 100mL 凯氏烧瓶中，加玻璃珠 2 粒，加

10mL 浓硫酸，置于电炉上低温加热至黑色黏稠状，继续升温，滴加高氯酸 2mL，若溶液不透明，再加 1～2mL 高氯酸，至溶液澄清透明后再加热 20min，冷却后移入 50mL 容量瓶中，定容。

2. 样品的测定

准确吸取 5.0mL 试样（根据钙含量而定）移入 15mL 离心管中，加入甲基红 1 滴，40g/L 草酸铵 2mL，1∶4 乙酸 0.5mL，摇匀，用 1∶4 NH_4OH 溶液调至微蓝色，再用乙酸调至微红色。静置 2h，使沉淀完全析出，离心 15min，去上清液，并用滤纸吸干管内溶液，向离心管加 20g/L NH_4OH 溶液，用手指弹动离心管，使沉淀松动，再加入 20g/L NH_4OH 溶液 10mL，离心 20min，去上清液，向沉淀中加入 2mol/L 硫酸 2mL，摇匀，于 70～80℃ 水浴中加热，将沉淀全部溶解，0.02mol/L 高锰酸钾标准溶液滴定至微红色，30s 不褪色为终点，记录 0.02mol/L 高锰酸钾标准溶液的消耗量。

（六）结果计算

样品中钙含量计算公式：

$$\omega = \frac{5 \times c \times V \times V_2 \times 40.08}{2 \times m \times V_1} \times 100 \tag{3-21}$$

式中　ω——试样中钙含量，mg/100g；

c——高锰酸钾标准溶液的浓度，mol/L；

V——消耗高锰酸钾溶液的体积，mL；

V_1——用于测定的样液体积，mL；

V_2——样液定容总体积，mL；

m——试样的质量，g；

40.08——钙的摩尔质量，g/mol。

（七）说明及注意事项

（1）草酸铵应在溶液酸性时加入，然后再加入氢氧化铵，若先加氢氧化铵再加草酸铵，样液中的钙会与样品中的磷酸结合成磷酸钙沉淀，使结果不准确。

（2）滴定过程要不断摇动，并保持在 70～80℃ 进行。

四、EDTA 配位滴定法测定钙含量

（一）实验目的

（1）掌握 EDTA 配位滴定法测定钙含量的原理，熟练其操作过程。

（2）了解钙测定的意义和原理。

（二）实验原理

钙与氨羧络合剂能定量地形成金属络合物，其稳定性较钙与指示剂所形成的络合物强。在适当的 pH 范围内，以氨羧络合剂 EDTA 滴定，在达到等电点时，EDTA 就自指示剂络合物中夺取钙离子，使溶液呈现游离指示剂的颜色（终点）。根据 EDTA 络合剂用量可计算钙的含量。

（三）材料和试剂

1. 材料

食品样品。

2. 试剂

（1）1.25mol/L 氢氧化钾溶液。

（2）10g/L 氰化钠溶液。

（3）0.05mol/L 柠檬酸钠溶液。

（4）混合酸消化液　高氯酸-硝酸（1∶4）。

（5）20g/L 氧化镧溶液　称取 23.45g 氧化镧（纯度大于 99.99%），先用少量水湿润，再加 75mL 盐酸，移入 1000mL 容量瓶中，加去离子水稀释至刻度。

（6）EDTA 溶液　准确称取 4.50g EDTA 二钠盐用水稀释至 1000mL，储存于聚乙烯瓶中 4℃保存。使用时稀释 10 倍即可。

（7）钙标准溶液　准确称取 0.1248g 碳酸钙（纯度大于 99.99%，105~110℃烘干 2h），加 20mL 水及 3mL 0.5mol/L 盐酸溶解，移入 500mL 容量瓶中，加水稀释至刻度，储存于聚乙烯瓶中，4℃保存。此溶液每毫升相当于 100μg 钙。

（8）1g/L 钙红指示剂。

（四）仪器和设备

凯氏烧瓶、微量滴定管（1mL 或 2mL）、碱式滴定管 50mL、刻度吸管（0.5~1.0mL）、电热套等。

（五）测定步骤

1. 试样制备

精确称取均匀干试样 1~1.5g（湿试样 2.0~4.0g，饮料等液体 5.0~10.0g）于凯氏烧瓶中，再加混合酸消化液 20~30mL，在瓶口放一小漏斗，置于电热套上加热消化。如果未消化好而酸液过少时，再补加 10mL 混合酸消化液，继续消化，直至无色透明为止。加约 5mL 水，加热以除去多余的硝酸。待烧杯中液体接近 2~3mL 时，取下冷却，用 20g/L 氧化镧溶液洗涤并转移入 10mL 刻度试管中，定容至刻度，备用。取与消化试样同量的混合酸消化液，按上述操作做试剂空白试验测定。

2. 样品的测定

（1）标定 EDTA 浓度　吸取 0.5mL 钙标准溶液，以 EDTA 溶液滴定，标定其 EDTA 的浓度，根据滴定结果计算出每毫升 EDTA 相当于钙的质量（以 mg 计），即滴定度（T）。

（2）试样及空白滴定　分别吸取 0.1~0.5mL（根据钙的含量而定）试样消化液及空白于试管中，加 1 滴氰化钠溶液和 0.1mL 柠檬酸钠溶液，用滴定管加 1.5mL 1.25mol/L氢氧化钾溶液，加 3 滴钙红指示剂，立即以稀释 10 倍 EDTA 溶液滴定，至指示剂由紫红色变蓝色为止。

（六）结果计算

样品中钙含量计算公式：

$$X = \frac{T \times (V - V_0) \times f \times 100}{m} \tag{3-22}$$

式中　X——试样中钙含量，mg/100g；

T——EDTA 滴定度，mg/mL；

V——滴定试样时所用 EDTA 量，mL；

V_0——滴定空白时所用 EDTA 量，mL；

f——试样稀释倍数；

m——试样的质量，g。

五、磺基水杨酸分光光度法测定铁含量

（一）实验目的

（1）学习磺基水杨酸分光光度法测定铁含量的基本原理。

（2）掌握磺基水杨酸分光光度法测定铁含量的操作技术和注意事项。

（二）实验原理

磺基水杨酸能与 Fe^{3+} 结合显色，可作为分光光度法测定铁的显色剂。在不同的 pH 条件下，磺基水杨酸与 Fe^{3+} 形成结构不同的稳定配合物。当 pH 2~3 时，磺基水杨酸与 Fe^{3+} 反应生成稳定的紫红色配合物，最大吸收波长为 500nm。在一定条件下该配合物的颜色深浅与铁含量成正比，据此可用分光光度法测定铁含量。

磺基水杨酸分光光度法测定铁含量

（三）材料和试剂

1. 材料

食品样品。

2. 试剂

（1）1∶1 硫酸溶液、十二水合硫酸高铁铵［$FeNH_4(SO_4)_2 \cdot 12H_2O$］、20g/L 磺基水杨酸溶液。

（2）铁标准工作溶液　称取 4.3g 十二水合硫酸高铁铵，精确至 0.0001g，加适量纯净水溶解，转移至 100mL 容量瓶中，加入 2mL 1∶1 硫酸溶液，稀释至刻度，摇匀，得到铁标准储备液（浓度为 5.00g/L）。移取 5mL 浓度为 5.00g/L 的铁标准储备液至 250mL 容量瓶，用水稀释至刻度，得到铁标准工作溶液（浓度为 100μg/mL）。

（四）仪器和设备

分析天平、紫外-可见分光光度计等。

（五）测定步骤

1. 样品处理

准确称取 1~5g 粉碎均匀的样品置于坩埚中，将坩埚置于电炉上，于通风橱中炭化至无烟。移入 550~600℃ 高温电炉（马弗炉）中灰化完全。冷却后用适量 1∶1 硫酸溶液溶解，并用水定容至 100mL。

2. 标准曲线的制作

取 6 个比色管，分别加入 0、0.10、0.20、0.40、0.60、0.80mL 铁标准工作溶液，再分别加入 0.1mL 20g/L 磺基水杨酸溶液，用水定容至 5mL，摇匀静置 10min 后，以试剂空白为对照，在 500nm 波长处测定不同浓度铁标准溶液的吸光度，绘制标准曲线。

3. 样品溶液的测定

准确移取样品溶液 1mL 于比色管中，按上述步骤显色后，在相同条件下测其吸光度。

（六）结果计算

样品中铁含量计算公式：

$$X = \frac{c \times V_2 \times V}{m \times V_1 \times 1000} \times 100 \tag{3-23}$$

式中 X——样品中铁含量，mg/100g；

c——根据样品溶液显色后的吸光度从标准曲线查得的铁浓度，μg/mL；

V——样品溶液的定容体积，mL；

V_1——配制显色反应溶液时移取的样品溶液体积，mL；

V_2——显色反应溶液的定容体积，mL；

m——样品的质量，g。

（七）说明及注意事项

（1）Fe^{3+}与磺基水杨酸在不同酸度条件下，可生成1∶1、1∶2和1∶3三种不同配位比的配合物，三种配合物分别呈现不同的颜色，故测定时应控制显色反应溶液的pH。

（2）利用本法测定铁含量时显色反应溶液的pH应控制在2~3。需要时可用硫酸和氨水调节溶液的pH。

（3）配制铁标准溶液时，十二水合硫酸高铁铵需精确加入，以保证铁离子含量准确，过量的磺基水杨酸对溶液的吸光度影响较小，不必严格准确加入。

（4）使用试剂空白作参比溶液，可以消除试剂中其他有色物质的影响，使测定结果准确。

（5）样品溶液的定容体积可根据不同食品样品中铁含量的高低进行调整。

六、钼蓝比色法测定磷含量

（一）实验目的

（1）掌握钼蓝比色法测定磷含量，熟练其操作过程。

（2）了解磷测定的意义和原理。

（二）实验原理

样品经灰化或消化后，在酸性溶液中，磷酸盐与钼酸铵作用生成淡黄色的磷钼酸铵，可被氯化亚锡、抗坏血酸或对苯二酚与亚硫酸钠等还原剂还原成蓝色化合物——钼蓝。利用分光光度计对该蓝色化合物进行比色测定，即可测出样品中磷的含量。

（三）材料和试剂

1. 材料

食品样品。

2. 试剂

（1）钼酸铵溶液 称取30g钼酸铵溶于300mL水中。另取浓硫酸75mL，慢慢加到100mL水中，冷却后加水至200mL。然后将该硫酸溶液加到300mL钼酸铵溶液中。

（2）氯化亚锡溶液 称取1.25g氯化亚锡于50mL甘油中，在水浴上加热使其溶解，冷却后置于棕色瓶中备用。

（3）磷酸盐标准溶液 准确称取0.0439g分析纯磷酸二氢钾，加水溶解，定容至100mL容量瓶中（每毫升含10μg磷）。

（四）仪器和设备

分光光度计、容量瓶、烧杯、移液管、量筒等。

（五）测定步骤

1. 样品处理

样品可用干法灰化或湿法消化。

2. 标准曲线绘制

精确吸取上述磷酸盐标准溶液 0、0.2、0.4、0.6、0.8、1.0mL，分别置于 50mL 容量瓶中，加 20mL 蒸馏水、2mL 钼酸铵溶液、0.25mL 氯化亚锡溶液，用水稀释至刻度，混匀，放置 20min 后，在 660nm 波长处测定吸光度。以吸光度为纵坐标，磷含量（μg）为横坐标绘制标准曲线。

3. 样品的测定

吸取样液 5~10mL，用上述标准曲线法测定吸光度，在标准曲线上查得磷含量，然后计算。

（六）结果计算

样品中磷含量计算公式：

$$磷含量(mg/kg) = \frac{V}{m} \times \frac{m_1}{V_1} \tag{3-24}$$

式中　V——样品稀释后的总体积，mL；

V_1——测定时所取样液体积，mL；

m_1——在标准曲线中查得的测定用样液中的磷含量，μg；

m——试样的质量，g。

（七）说明及注意事项

（1）称取磷酸二氢钾的精密度要高，以保障含磷量的准确性。

（2）制作标准曲线时吸取溶液一定要精确，混合后测定，保证各点分布在一条直线上。

（3）在重复性条件下获得的两次独立测定结果的绝对差值不得超过算术平均值的 5%。

第七节　维生素的测定

一、二氯酚靛酚滴定法测定维生素 C 含量

（一）实验目的

（1）学习并掌握定量测定维生素 C 含量的原理和方法。

（2）了解蔬菜、水果中维生素 C 含量情况。

二氯酚靛酚滴定法测定维生素 C

（二）实验原理

维生素 C（抗坏血酸）具有很强的还原性，还原型抗坏血酸能还原染料 2,6-二氯酚靛酚，本身则氧化为脱氢型。在酸性溶液中，2,6-二氯酚靛酚呈红色，还原后变为无色，因此，当用此染料滴定含有维生素 C 的酸性溶液时，维生素 C 尚未全部被氧化前，则滴下的染料立即被还原成无色，一旦溶液中的维生素 C 已全部被氧化时，则滴下的染料立即使溶液变成粉红色。所以，当溶液从无色

变成微红色时即表示溶液中的维生素 C 刚刚全部被氧化，此时即为滴定终点。如无其他杂质干扰，样品提取液所还原的标准染料量与样品中所含还原型抗坏血酸量成正比。

（三）材料和试剂

1. 材料

食品样品。

2. 试剂

（1）20g/L 草酸溶液。

（2）2,6-二氯酚靛酚溶液　称取 2,6-二氯酚靛酚 50mg 溶于 200mL 含有 52mg 碳酸氢钠的热水中，冷却，冰箱中过夜。次日过滤于 250mL 棕色容量瓶中，定容。在冰箱中保存（每次临用时，以标准抗坏血酸溶液标定）。

（3）抗坏血酸标准溶液　准确称取 20mg 抗坏血酸，溶于 20g/L 草酸溶液中，并稀释至 100mL，置于棕色瓶中，冷藏保存。用时取出 5mL，置于 50mL 容量瓶中，用 20g/L 草酸溶液定容，配成 0.02mg/mL 的标准使用液。

（四）仪器和设备

50mL 容量瓶、分析天平、研钵、烧杯、玻璃棒、吸量管、长颈漏斗、漏斗架、白纱布、滤纸、容量瓶、滴定管、锥形瓶等。

（五）测定步骤

1. 样品处理

（1）鲜试样制备　称取 5~10g 鲜样，加等量的 20g/L 草酸溶液，倒入组织捣碎机中打成匀浆，转移至 100mL 容量瓶中，用 20g/L 草酸溶液稀释至刻度，混合均匀，过滤，滤液备用。

（2）干试样制备　称取 1~4g 干样放入研钵中，加入 20g/L 草酸溶液磨成匀浆，倒入 100mL 容量瓶中，用 20g/L 草酸溶液稀释至刻度。过滤上述样液，不易过滤的可用离心机沉淀后，倾出上清液，过滤，滤液备用。

2. 2,6-二氯酚靛酚溶液的标定

准确吸取抗坏血酸标准溶液 10mL 于锥形瓶中，加入 5mL 20g/L 草酸，摇匀，用配制好的 2,6-二氯酚靛酚溶液滴定至溶液呈现粉红色，15s 内不褪色为终点。根据已知的抗坏血酸标准溶液浓度和染料的体积用量，计算每毫升 2,6-二氯酚靛酚溶液相当于维生素 C 的质量（mg）。

3. 样品的测定

准确吸取样品溶液 10mL 于锥形瓶中，加入 5mL 20g/L 草酸，摇匀，用已标定的 2,6-二氯酚靛酚溶滴定至终点，以微红色能保持 15s 不褪色为止，整个滴定过程宜迅速，不宜超过 2min，同时做空白试验。

（六）结果计算

样品中维生素 C 含量计算公式：

$$X = \frac{T \times (V - V_0)}{m} \times \frac{100}{10} \times 100 \tag{3-25}$$

式中 X——试样中的维生素 C 含量，mg/100g；

T——每毫升染料溶液相当于抗坏血酸标准溶液的质量，mg/mL；

V——滴定试样时所用染料的量，mL；

V_0——滴定空白时所用染料的量，mL；

m——试样的质量，g。

（七）说明及注意事项

（1）滴定时速度要尽可能快，因样品中一般都含有一些能将 2,6-二氯酚靛酚还原的其他物质，尽管这些物质还原染料的能力一般比维生素 C 弱。

（2）动物性样品须用 100g/L 三氯乙酸代替 20g/L 草酸溶液提取。

（3）样品提取液应避免日光直射，否则会加速维生素 C 的氧化。

二、方波伏安法测定维生素 C 含量

（一）实验目的

（1）学习方波伏安法测定食品中维生素 C 含量的基本原理。

（2）掌握方波伏安法测定食品中维生素 C 含量的操作技术和注意事项。

（二）实验原理

方波伏安法测定维生素 C 含量

方波伏安法（Square Wave Voltammetry，SWV）是一种常用的电化学分析技术。该法将一个具有恒定脉冲幅度的方波脉冲电压叠加在具有恒定电位增量的阶梯形电压上，记录正向脉冲后期和反向脉冲后期电流之差 ΔI，根据电流差值对总电位增量的伏安图进行分析。

维生素 C（抗坏血酸）具有很强的还原性，加热或在溶液中容易被氧化。使用已知浓度的抗坏血酸标准溶液进行方波伏安测定，建立氧化峰电流与抗坏血酸浓度的标准曲线（峰电流随着抗坏血酸浓度的增加而增大）。测定样品溶液，根据所得峰电流，即可由标准曲线得到样品溶液中维生素 C 的浓度。

（三）材料和试剂

1. 材料

橙汁等食品样品。

2. 试剂

（1）20g/L 草酸、1∶1 硝酸、无水乙醇、超纯水。

（2）0.1mol/L pH 7.0 磷酸缓冲溶液。

（3）抗坏血酸标准溶液　准确称取 20mg 纯抗坏血酸，用 0.1mol/L pH 7.0 磷酸缓冲溶液溶解定容至 100mL，得到 0.2mg/mL 的抗坏血酸标准储备液，置于棕色瓶中，冷藏保存。

（四）仪器和设备

电化学工作站、三电极系统（玻璃碳电极、银/氯化银电极、铂丝电极）、电极抛光材料（抛光绒布、氧化铝粉）、移液器、分析天平、电解杯等。

（五）实验步骤

1. 样品处理

（1）橙汁等液态样品的制备　取 1mL 橙汁等液态样品，加入 4mL 0.1mol/L pH 7.0 磷酸缓冲溶液，摇匀备用。

（2）固态样品的制备　称取 10g 鲜样（1~4g 干样），加几滴 20g/L 草酸溶液，匀浆后转移至 100mL 容量瓶中，用 0.1mol/L pH 7.0 磷酸缓冲溶液稀释至刻度，混合均匀，过滤，滤液备用。

2. 工作电极的预处理

玻璃碳电极先分别用 1.0μm、0.3μm 和 0.05μm 的 $\alpha-Al_2O_3$ 在专用抛光绒布垫上抛光，每一步均用超纯水洗净，然后依次在 1∶1 硝酸、无水乙醇和超纯水中超声清洗。处理后的电极室温晾干备用。

3. 标准曲线的制作

准确吸取浓度为 0.2mg/mL 的抗坏血酸标准储备液 0.25、0.50、0.75、1.00、1.25mL，分别置于电解杯中，用 0.1mol/L pH 7.0 磷酸缓冲溶液稀释至 5.0mL，摇匀，得到系列标准溶液。

打开电化学工作站，双击电脑桌面的工作站软件。在实验技术中选“方波伏安法”，确定后设置参数：初始电位为-0.2V、终止电位为 0.8V，其他参数均为软件默认值。将工作站的电极夹与三电极系统连接好，将电极部位分别置于不同浓度的抗坏血酸标准溶液中，采用方波伏安法进行阳极扫描，每次运行完后均保存数据。

以抗坏血酸标准溶液的浓度（c，mg/mL）为横坐标，以氧化峰电流（I，μA）为纵坐标，制作抗坏血酸的标准曲线。

4. 样品溶液的测定

在与制作标准曲线相同的条件下，测定样品溶液中维生素 C 的氧化峰电流，并由标准曲线方程确定样品溶液中维生素 C 的浓度。

（六）结果计算

样品中维生素 C 含量计算公式：

$$X = \frac{c \times V}{m} \times 100 \tag{3-26}$$

式中 X——样品中维生素 C 含量，mg/100g 或 mg/100mL；

c——由标准曲线方程算得样品溶液中维生素 C 的浓度，mg/mL；

V——样品溶液的定容体积，mL；

m——样品的质量（液态样品的体积），g 或 mL。

（七）说明及注意事项

（1）样品溶液的定容体积可根据不同食品样品中维生素 C 的含量高低进行调整。

（2）处理新鲜的果蔬样品时，可加入 20g/L 草酸溶液制成匀浆以保护维生素 C。

（3）样品处理及测定过程要迅速，避免维生素 C 被氧化。

（4）方波伏安法测定维生素 C 具有测试速度快、灵敏度高等优点，可以满足不同食品中维生素 C 的测试需求。

三、二硝基苯肼分光光度法测定总抗坏血酸含量

（一）实验目的

（1）学习并掌握二硝基苯肼分光光度法定量测定维生素 C 的原理和方法。

（2）了解蔬菜、水果中维生素 C 的含量情况。

（二）实验原理

总抗坏血酸包括还原型、脱氢型和二酮古乐糖酸，试样中还原型抗坏血酸经活性炭氧化为脱氢抗坏血酸，再与 2,4-二硝基苯肼作用生成红色脎，根据脎在硫酸溶液中的含量与抗坏血

酸含量成正比，进行比色定量。

（三）材料和试剂

1. 材料

食品样品。

2. 试剂

（1）4.5mol/L 硫酸、1mol/L 盐酸。

（2）85%硫酸　小心地加 900mL 硫酸（相对密度 1.84）于 100mL 水中。

（3）2,4-二硝基苯肼溶液（20g/L）　溶解 2g 2,4-二硝基苯肼于 100mL 4.5mol/L 硫酸中，过滤。不用时存于冰箱内，每次用前必须过滤。

（4）20g/L 草酸溶液、10g/L 草酸溶液。

（5）硫脲溶液（10g/L）　溶解 5g 硫脲于 500mL 草酸溶液（10g/L）中。

（6）硫脲溶液（20g/L）　溶解 10g 硫脲于 500mL 草酸溶液（10g/L）中。

（7）抗坏血酸标准溶液　称取 100mg 抗坏血酸溶解于 100mL 草酸溶液（20g/L）中，此溶液每毫升相当于 1mg 抗坏血酸。

（8）活性炭　将 100g 活性炭加到 750mL 1mol/L 盐酸中，回流 1~2h，过滤，用水洗数次，至滤液中无铁离子为止，然后置于 110℃烘箱中烘干。

注：检验铁离子方法是利用普鲁士蓝反应。将 20g/L 亚铁氰化钾与 1%盐酸等量混合，将上述洗出滤液滴入，如有铁离子则产生蓝色沉淀。

（四）仪器和设备

恒温箱、紫外-可见分光光度计、捣碎机等。

（五）测定步骤

1. 试样制备

全部实验过程应避光。

（1）鲜试样制备　称取 100g 鲜试样并吸取 100mL 20g/L 草酸溶液，倒入捣碎机中打成匀浆，取 10~40g 匀浆（含 1~2mg 抗坏血酸）倒入 100mL 容量瓶中，用 10g/L 草酸溶液稀释至刻度，混匀。

（2）干试样制备　称 1~4g 干试样（含 1~2mg 抗坏血酸）放入乳钵内，加入 10g/L 草酸溶液磨成匀浆，倒入 100mL 容量瓶内，用 10g/L 草酸溶液稀释至刻度，混匀。

将（1）（2）液过滤，滤液备用。不易过滤的试样可用离心机离心后，倾出上清液，过滤，备用。

2. 氧化处理

取 25mL 上述滤液，加入 2g 活性炭，振摇 1min，过滤，弃去最初数毫升滤液。取 10mL 滤液，加入 10mL 20g/L 硫脲溶液，混匀，此试样为稀释液。

3. 呈色反应

于三个试管中各加入 4mL 稀释液。一个试管作为空白，在其余试管中加入 1.0mL 20g/L 2,4-二硝基苯肼溶液，将所有试管放入（37±5）℃恒温箱或水浴中，保温 3h。3h 后取出，除空白管外，将所有试管放入冰水中。空白管取出后使其冷却到室温，然后加入 1.0mL 20g/L 2,4-二硝基苯肼溶液，在室温中放置 10~15min 后放入冰水内。其余步骤同试样。

4. 85%硫酸处理

当试管放入冰水后，向每一试管中加入 5mL 85%硫酸，滴加时间至少需要 1min，边加边摇动试管。将试管自冰水中取出，在室温放置 30min 后立即比色。

5. 比色

用 1cm 比色杯，以空白液调零点，于 500nm 波长测吸光度。

6. 标准曲线的绘制

（1）加 2g 活性炭于 50mL 抗坏血酸标准溶液中，振动 1min，过滤。

（2）取 10mL 滤液放入 500mL 容量瓶中，加 5.0g 硫脲，用 10g/L 草酸溶液稀释至刻度，抗坏血酸浓度 20μg/mL。

（3）取 20μg/L 的抗坏血酸标准稀释液 5、10、20、25、40、50、60mL，分别放入 7 个 100mL 容量瓶中，用 10g/L 硫脲溶液稀释至刻度，使最后稀释液中抗坏血酸的浓度分别为 1、2、4、5、8、10、12μg/mL。

（4）按试样测定步骤形成脎并比色。

（5）以吸光度为纵坐标，抗坏血酸浓度（μg/mL）为横坐标绘制标准曲线。

（六）结果计算

样品中总抗坏血酸含量计算公式：

$$X = \frac{c \times V}{m} \times F \times \frac{100}{1000} \tag{3-27}$$

式中 X——试样中的总抗坏血酸含量，mg/100g；

c——由标准曲线查得或由回归方程算得“试样氧化液”中总抗坏血酸的浓度，μg/mL；

V——试样用 10g/L 草酸溶液定容的体积，mL；

F——试样氧化处理过程中的稀释倍数；

m——试样的质量，g。

四、荧光分光光度法测定维生素 B_1 含量

（一）实验目的

（1）学习并掌握荧光分光光度法定量测定维生素 B_1 含量的原理和方法。

（2）了解测定食品中维生素 B_1 的意义。

（二）实验原理

维生素 B_1（硫胺素）在碱性铁氰化钾溶液中被氧化成硫色素（噻嘧色素），在紫外线照射下，硫色素发出荧光。在给定的条件下，以及没有其他荧光物质干扰时，此荧光的强度与硫色素量成正比，即与溶液中硫胺素量成正比。如试样中含杂质过多，应经过离子交换剂处理，使硫胺素与杂质分离，然后以所得溶液作测定。

（三）材料和试剂

1. 材料

食品样品。

2. 试剂

（1）正丁醇　需经重蒸馏后使用。

（2）无水硫酸钠。

（3）淀粉酶和蛋白酶。

（4）0.1mol/L 盐酸、0.3mol/L 盐酸、3%乙酸溶液。

（5）2mol/L 乙酸钠溶液　164g 无水乙酸钠溶于水中稀释至 1000mL。

（6）氯化钾溶液（250g/L）、氢氧化钠溶液（150g/L）、铁氰化钾溶液（10g/L）。

（7）酸性氯化钾溶液（250g/L）　8.5mL 浓盐酸用 250g/L 氯化钾溶液稀释至 1000mL。

（8）碱性铁氰化钾溶液　取 4mL 10g/L 铁氰化钾溶液，用 150g/L 氢氧化钠溶液稀释至 60mL。用时现配，避光使用。

（9）活性人造浮石　称取 200g 40~60 目的人造浮石，以 10 倍于其体积的 3%热乙酸溶液洗涤 2 次，每次 10min，再用 5 倍于其体积的 250g/L 热氯化钾溶液洗涤 15min，然后再用稀乙酸溶液洗涤 10min，最后用热蒸馏水洗至没有氯离子，于蒸馏水中保存。

（10）硫胺素标准储备液（0.1mg/mL）　准确称取 100mg 经氯化钙干燥 24h 的硫胺素，溶于 0.1mol/L 盐酸中，并稀释至 1000mL，于冰箱中避光保存。

（11）硫胺素标准中间液（10μg/mL）　将硫胺素标准储备液用 0.1mol/L 盐酸稀释 10 倍，于冰箱中避光保存。

（12）硫胺素标准使用液（0.1μg/mL）　将硫胺素标准中间液用水稀释 100 倍，用时现配。

（13）溴甲酚绿溶液（0.4g/L）　称取 0.1g 溴甲酚绿，置于小研钵中，加入 1.4mL 0.1mol/L 氢氧化钠溶液研磨片刻，再加入少许水继续研磨至完全溶解，用水稀释至 250mL。

（四）仪器和设备

电热恒温培养箱、荧光分光光度计、反应瓶、盐基交换管等。

（五）测定步骤

1. 试样制备

试样采集后用匀浆机打成匀浆，于低温冰箱中冷冻保存，用时将其解冻后混匀使用。干燥试样要将其尽量粉碎后备用。

2. 提取

（1）准确称取一定量试样（估计其硫胺素含量为 10~30μg，一般称取 2~10g 试样），置于 100mL 锥形瓶中，加入 50mL 0.1mol/L 或 0.3mol/L 盐酸使其溶解，放入高压锅中加热水解，121℃ 30min，放凉后取出。

（2）用 2mol/L 乙酸钠调 pH 为 4.5（以 0.4g/L 溴甲酚绿为指示剂）。

（3）按每克试样加入 20mg 淀粉酶和 40mg 蛋白酶的比例加入淀粉酶和蛋白酶。于 45~50℃，恒温箱过夜保温（约 16h）。

（4）晾至室温，定容至 100mL，然后混匀过滤，即为提取液。

3. 净化

（1）将少许脱脂棉铺于盐基交换管的交换柱底部，加水将棉纤维中气泡排出，再加约 1g 活性人造浮石使其达到交换柱的 1/3 高度。保持盐基交换管中液面始终高于活性人造浮石。

（2）用移液管加入提取液 20~50mL（使通过活性人造浮石的硫胺素总量为 2~5μg）。

（3）加入约 10mL 热蒸馏水冲洗交换柱，弃去洗液。如此重复三次。

（4）加入 20mL 250g/L 酸性氯化钾（温度为 90℃左右），收集溶液于 25mL 刻度试管内，晾至室温，用 250g/L 酸性氯化钾定容至 25mL，即为试样净化液。

（5）重复上述操作，将20mL硫胺素标准使用液加入盐基交换管以代替试样提取液，即得到标准净化液。

4. 氧化

（1）将5mL试样净化液分别加入A、B两个反应瓶。

（2）在避光条件下将3mL 150g/L氢氧化钠加入反应瓶A，将3mL碱性铁氰化钾溶液加入反应瓶B，振摇约15s，然后加入10mL正丁醇，将A、B两个反应瓶同时用力振摇1.5min。

（3）重复上述操作，用标准净化液代替试样净化液。

（4）静置分层后弃去下层碱性溶液，加入2~3g无水硫酸钠使溶液脱水。

5. 测定

（1）荧光测定条件　激发波长365nm，发射波长435nm，激发波狭缝5nm，发射波狭缝5nm。

（2）依次测定下列荧光强度

①试样空白荧光强度（试样反应瓶A）；

②标准空白荧光强度（标准反应瓶A）；

③试样荧光强度（试样反应瓶B）；

④标准荧光强度（标准反应瓶B）。

（六）结果计算

样品中维生素B_1含量计算公式：

$$X = (U - U_b) \times \frac{\rho \times V}{(S - S_b)} \times \frac{V_2}{V_1} \times \frac{1}{m} \times \frac{100}{1000} \tag{3-28}$$

式中　X——样品中维生素B_1含量，mg/100g；

U——试样荧光强度；

U_b——试样空白荧光强度；

S——标准荧光强度；

S_b——标准空白荧光强度；

ρ——硫胺素标准使用液的质量浓度，μg/mL；

V——用于净化的硫胺素标准使用液体积，mL；

V_1——试样水解后定容的体积，mL；

V_2——试样用于净化的提取液体积，mL；

m——试样的质量，g。

五、光黄素荧光法测定维生素B_2含量

（一）实验目的

（1）学习并掌握光黄素荧光法定量测定维生素B_2含量的原理和方法。

（2）了解测定食品中维生素B_2的意义。

（二）实验原理

样品在酸性溶液中加热，使维生素B_2（核黄素）游离出来，冷却后，在碱性溶液中进行光解，核黄素转变为光黄素。光黄素在三氯甲烷溶液中显黄色荧光，测定其荧光强度。

（三）材料和试剂

1. 材料

食品样品。

2. 试剂

（1）三氯甲烷　使用没有荧光的三氯甲烷。

（2）无水硫酸钠。

（3）维生素 B_2 标准溶液　将维生素 B_2 标准品溶于温水中，配成 40μg/mL 的溶液 100mL，加数滴乙酸，置于具塞褐色瓶内，在冰箱中保存。用时配成 2μg/mL 标准溶液使用。

（4）0.1mol/L 盐酸、36%乙酸、3%过氧化氢溶液。

（5）2.5mol/L 乙酸钠溶液、1mol/L 氢氧化钠溶液、40g/L 高锰酸钾溶液。

（四）仪器和设备

光解装置、荧光分光光度计、提取瓶等。

（五）测定步骤

1. 试样制备

称取 2~10g 均匀样品，移入 100mL 容量瓶中，加入 0.1mol/L 盐酸，沸腾水浴中加热 30min，注意补足提取液，取出冷却至 50℃以下，用 2.5mol/L 乙酸钠溶液调节 pH 到 4.0~4.5，然后用水定容至刻度，备用。含淀粉多的样品，先加入 100g/L 淀粉酶 5mL 在 37~40℃下放置一夜，冷却后再稀释至刻度备用。含蛋白质多的试样，可加入 10%三氯乙酸 10mL 沉淀蛋白质，过滤或离心分离后定容。

2. 光解

在 3 支 25mL 具塞试管中各加入试样溶液 5mL，其中一支试管中再加维生素 B_2 标准溶液（0.2~1μg）1mL，此试管为 T1。其他两支试管 T2、T3 中各加水 1mL，加 1mol/L 氢氧化钠 3mL，利用光解装置光解 T1、T2 1h，T3 置于暗处 1h，光解结束后，再向三支试管中各加入 0.5mL 36%乙酸。

3. 氧化和提取

光解后在 T1、T2、T3 试管中加入 40g/L 高锰酸钾溶液 0.5mL，混匀后放置 1min，加入 3%过氧化氢溶液 0.5mL。在这三支试管内准确各加 10mL 三氯甲烷，激烈摇匀 2min 后静置。除去上层液，去下层的三氯甲烷层，用无水硫酸钠脱水，如有必要，则需过滤，备用。

4. 测定荧光

将三氯甲烷层移至比色槽，设 T1 试管在荧光光度计的读数为 100%，读取 T2、T3 试管的荧光读数。

（六）结果计算

样品中维生素 B_2 含量计算公式：

$$X=\frac{m_1\times(t_2-t_3)}{(t_1-t_2)}\times\frac{V_2}{V_1}\times\frac{100}{m} \tag{3-29}$$

式中　X——样品中维生素 B_2 含量，μg/100g；

t_1——T1 试管读数；

t_2——T2 试管读数；

t_3——T3 试管读数；

V_1——测定用试样溶液的体积，mL；

V_2——测定用试样溶液的总体积，mL；

m——试样的质量，g。

（七）说明及注意事项

（1）T1、T2 试管可用无色透明的，T3 试管要用褐色的。

（2）茶叶、酱油、蛋、蘑菇等含有较多荧光猝灭物质，所以要充分萃取。

（3）光黄素荧光法适用于定量天然物中微量的维生素 B_2，其精密度高且具有特异性。但是，与定量维生素 B_1 一样，在碱性溶液中光解时不能将核黄素百分之百地转变为光黄素。

六、核黄素荧光法测定维生素 B_2 含量

（一）实验目的

学习并掌握核黄素荧光法定量测定维生素 B_2 含量的原理和方法。

（二）实验原理

维生素 B_2（核黄素）在 370~470nm 波长的光照下产生黄绿色荧光，其最大的荧光发射波长约在 525nm 左右。在稀溶液中，其荧光强度与维生素 B_2 含量成正比，可进行荧光光度法测定。

核黄素荧光法测定维生素 B_2 含量

（三）材料和试剂

1. 材料

食品样品。

2. 试剂

（1）0.1mol/L 盐酸、2.5mol/L 乙酸钠、1%乙酸水溶液。

（2）维生素 B_2 标准溶液　准确称取 0.0102g 维生素 B_2 标准品（以含量为 98%计），用 1%乙酸水溶液溶解并定容至 100mL，即为 0.1mg/mL 的维生素 B_2 标准储备液。吸取储备液 1mL，用 1%乙酸水溶液稀释至 100mL，浓度为 1.00μg/mL，临用时配制。

（四）仪器和设备

荧光分光光度计、离心机、分析天平、比色管。

（五）测定步骤

1. 样品处理

准确称取粉碎均匀的样品 2~10g（估计维生素 B_2 含量为 5~10μg），置于 250mL 烧杯中，加入 0.1mol/L 盐酸 50mL，加热煮沸约 30min，冷却至室温。然后加入 3mL 2.5mol/L 乙酸钠溶液，摇匀。将上述溶液转移至 100mL 容量瓶中，加水至刻度，摇匀，过滤，滤液备用。可根据样品中维生素 B_2 的含量高低调整定容体积。

2. 标准曲线的制作

准确吸取浓度为 1.00μg/mL 的维生素 B_2 标准溶液 2.0、4.0、6.0、8.0、10.0mL，分别置于各比色管中，用 1%乙酸水溶液将各管溶液体积补足至 10.0mL，摇匀，得到系列标准溶液。以 1%乙酸水溶液为空白，在激发波长为 440nm，发射波长为 525nm 下，分别测定上述系列标准溶液的荧光强度。

以维生素 B_2 标准溶液的浓度为横坐标，其相对应的荧光强度为纵坐标，制作标准曲线。

3. 样品溶液的测定

在与制作标准曲线相同的条件下，测定样品溶液的荧光强度，并由标准曲线方程确定样品溶液中维生素 B_2 的浓度。

（六）结果计算

样品中维生素 B_2 含量计算公式：

$$X = \frac{c \times V}{m} \times 100 \tag{3-30}$$

式中　X——样品中维生素 B_2 含量，μg/100g；

c——由标准曲线方程计算样品溶液中维生素 B_2 的含量，μg/mL；

V——样品溶液的定容体积，mL；

m——样品的质量，g。

（七）说明及注意事项

（1）处理食品样品时，为使样品中与蛋白质结合存在的维生素 B_2 分离出来，根据维生素 B_2 在酸性和中性溶液中稳定，且加热也不破坏，可将样品在酸性条件下高温水解处理，让维生素 B_2 游离，再调节 pH，使蛋白质在等电点时发生沉淀，以便过滤除去，得到较纯净的维生素 B_2 溶液。

（2）样品溶液中可能含有一些色素和其他杂质，可在测定荧光之前加入高锰酸钾溶液进行氧化，再用过氧化氢除去多余的高锰酸钾（如在比色管中加入 3%高锰酸钾溶液 0.5mL，混匀后放置 2min，氧化样品内的杂质，再加入 3%双氧水 0.5mL，混匀，在 10s 内应全部褪色，或滴加 3%双氧水至红色刚好褪去）。必要时，可采用吸附层析法进一步进行纯化处理。

（3）测定荧光时，为排除杂质荧光的干扰，根据维生素 B_2 能被低亚硫酸钠还原生成无荧光物质，可测量在用低亚硫酸钠还原前后的维生素 B_2 溶液的荧光，其荧光强度差值与维生素 B_2 含量成正比，在标准溶液的参照下，便可测定出样品中维生素 B_2 的含量。低亚硫酸钠的用量一般样品为 20mg 已足够，个别维生素 B_2 含量高的样品，低亚硫酸钠用量可适当补加，以使维生素 B_2 全部被还原。该试剂应在临用前称量或配成浓溶液使用。

七、三氯化锑比色法测定维生素 A 含量

（一）实验目的

（1）学习并掌握三氯化锑比色法定量测定维生素 A 含量的原理和方法。

（2）了解测定食品中维生素 A 的意义。

（二）实验原理

维生素 A 在三氯甲烷中与三氯化锑相互作用，产生蓝色物质，其深浅与溶液中所含维生素 A 的含量成正比。该蓝色物质虽不太稳定，但在一定时间内可用分光光度计在 620nm 波长处测定其吸光度。

本法适用于维生素 A 含量较高的各种样品（高于 10μg/g），对低含量样品，因受其他脂溶性物质的干扰，不易比色测定。该法的主要缺点是生成的蓝色配合物的稳定性差。比色测定必须在 6min 内完成，否则蓝色会迅速消退，将造成极大误差。

（三）材料和试剂

1. 材料

食品样品。

2. 试剂

（1）无水硫酸钠、乙酸酐、乙醚、无水乙醇。

（2）三氯甲烷　应不含分解物，否则会破坏维生素 A。

检查方法：三氯甲烷不稳定，放置后易受空气中氧的作用生成氯化氢和光气。检查时可取少量三氯甲烷置试管中，加水少许振摇，使氯化氢溶解到水层。加入几滴硝酸银溶液，如有白色沉淀即说明三氯甲烷中有分解产物。

（3）三氯化锑-三氯甲烷溶液（250g/L）　用三氯甲烷配制三氯化锑溶液，储于棕色瓶（注意勿使吸收水分）。

（4）500g/L 氢氧化钾溶液、0.5mol/L 氢氧化钾溶液、10g/L 酚酞指示剂。

（5）维生素 A 标准液　维生素 A（纯度 85%）或维生素 A 乙酸酯（纯度 90%）经皂化处理后使用。用脱醛乙醇溶解维生素 A 标准品，使其浓度大约为 1mL（相当于 1mg 维生素 A）。临用前用紫外分光光度法标定其准确浓度。

（四）仪器和设备

分光光度计、回流冷凝装置等。

（五）测定步骤

1. 试样制备

（1）皂化法　适用于维生素 A 含量不高的试样，可减少脂溶性物质的干扰，但全部实验过程费时，且易导致维生素 A 损失。

①皂化：根据试样中维生素 A 含量的不同，准确称取 0.5~5.0g 试样于锥形瓶中，加入 10mL 500g/L 氢氧化钾及 20~49mL 乙醇，于电热板上回流 30min 至皂化完全为止。

②提取：将皂化瓶内混合物移至分液漏斗中，以 30mL 水洗皂化瓶，洗液并入分液漏斗。如有渣子，可用脱脂棉漏斗滤入分液漏斗内。用 50mL 乙醚分两次洗皂化瓶，洗液并入分液漏斗中。振摇并注意放气，静置分层后，水层放入第二个分液漏斗内。皂化瓶再用约 30mL 乙醚分两次冲洗，洗液倾入第二个分液漏斗中。振摇后，静置分层，水层放入锥形瓶中，醚层与第一个分液漏斗合并。重复至水液中无维生素 A 为止。

③洗涤：将约 30mL 水加入第一个分液漏斗中，轻轻振摇，静置片刻后，放去水层。加 15~20mL 0.5mol/L 氢氧化钾溶液于分液漏斗中，轻轻振摇后，弃去下层碱液，除去醚溶性酸皂。继续用水洗涤，每次用水约 30mL，直至洗涤液与酚酞指示剂呈无色为止（大约 3 次）。醚层液静置 10~20min，小心放出析出的水。

④浓缩：将醚层液经过无水硫酸钠滤入锥形瓶中，再用约 25mL 乙醚冲洗分液漏斗和硫酸钠两次，洗液并入锥形瓶内。置水浴上蒸馏，回收乙醚。待瓶中剩下约 5mL 乙醚时取下，用减压抽气法抽干，立即加入一定量的三氯甲烷使溶液中维生素 A 含量在适宜浓度范围内。

（2）研磨法　适用于每克试样维生素 A 含量大于 5~10μg 试样的测定，如肝的分析。步骤简单，省时，结果准确。

①研磨：精确称 2~5g 试样，放入盛有 3~5 倍试样质量的无水硫酸钠研钵中，研磨至试样中水分完全被吸收，并均质化。

②提取：小心地将全部均质化试样移入带盖的锥形瓶内，准确加入50~100mL乙醚。紧压盖子，用力振摇2min，使试样中维生素A溶于乙醚中。使其自行澄清（需1~2h），或离心澄清（由于乙醚易挥发，气温高时应在冷水浴中操作。装乙醚的试剂瓶也应事先放入冷水浴中）。

③浓缩：取澄清的乙醚提取液2~5mL，放入比色管中，在70~80℃水浴上抽气蒸干。立即加入1mL三氯甲烷溶解残渣。

2. 标准曲线的绘制

准确吸取维生素A标准溶液0、0.1、0.2、0.3、0.4、0.5mL于6个10mL容量瓶中，用三氯甲烷定容，得标准系列使用液。再取6个3cm比色皿顺次移入标准系列使用液各1mL，每个皿中加乙酸酐1滴，制成标准比色系列。在620nm波长处，以10mL三氯甲烷加1滴乙酸酐调节光度至零点。然后将标准比色系列按顺序移到光路前，迅速加入9mL 250g/L的三氯化锑-三氯甲烷溶液，于6s内测定吸光度。以维生素A含量为横坐标，以吸光度为纵坐标绘制标准曲线。

3. 样品测定

取两个比色皿，分别加入10mL三氯甲烷（样品空白液）和1mL样品溶液，各加1滴乙酸酐。其余步骤同标准曲线的绘制。分别测定样品空白液和样品溶液的吸光度，从标准曲线中查出相应的维生素A含量。

（六）结果计算

样品中维生素A含量计算公式：

$$X = \frac{c - c_0}{m} \times V \times \frac{100}{1000} \tag{3-31}$$

式中 X——样品中维生素A含量，mg/100g；

c——由标准曲线上查得样品溶液中维生素A的含量，μg/mL；

c_0——由标准曲线上查得样品空白液中维生素A的含量，μg/mL；

V——样品提取后加三氯甲烷定量的体积，mL；

m——试样的质量，g。

（七）说明及注意事项

（1）乙醚为溶剂的萃取体系，易发生乳化现象。在提取、洗涤操作中，不要用力过猛，若发生乳化，可加几滴乙醇破乳。

（2）所用氯仿中不应含有水分，因三氯化锑遇水会出现沉淀，干扰比色测定。故在氯仿中应加入1滴乙酸酐，以保证脱水。

（3）由于三氯化锑与维生素A所产生的蓝色物质很不稳定，通常6s以后便开始褪色，因此要求反应在比色皿中进行，产生蓝色后立即读取吸光度。

（4）维生素A见光易分解，整个实验应在暗处进行，防止阳光照射，或采用棕色玻璃避光。

（5）三氯化锑腐蚀性强，不能沾在手上，三氯化锑遇水生成白色沉淀，因此用过的仪器要先用稀盐酸浸泡后再清洗。

八、柱层析-分光光度法测定胡萝卜素含量

（一）实验目的

（1）学习并掌握柱层析-分光光度法的测定原理。

（2）了解胡萝卜素含量的测定意义。

（二）实验原理

测定食品样品中胡萝卜素的柱层析-分光光度法，是用有机溶剂从样品中提取出色素，食品样品尤其是植物性样品除胡萝卜素外，还含有叶绿素、叶黄素等其他色素，这些色素被有机溶剂提取出来后，再利用对各种色素有不同吸附能力的吸附剂，在适当条件下，将各种色素吸附在吸附柱上的不同位置处形成色谱层，然后用洗脱剂将胡萝卜素洗下，在分光光度计 453nm 波长处测定其吸光度，从胡萝卜素标准曲线上查出相应的胡萝卜素浓度，以计算食品样品中胡萝卜素的含量。

（三）材料和试剂

1. 材料

芒果、枇杷、胡萝卜、番茄、辣椒。

2. 试剂

（1）丙酮、石油醚（沸程 30~60℃和 60~90℃）、无水硫酸钠、脱脂棉。

（2）胡萝卜素标准溶液　精确称取 β-胡萝卜素标准样品 0.050g，加入少量氯仿溶解，以石油醚稀释至 50mL。使用时吸取 1mL 以石油醚稀释至 100mL，此溶液每毫升相当于 10μg β-胡萝卜素。

胡萝卜素标准溶液可用重铬酸钾溶液代替，每毫升 0.2g/L 重铬酸钾标准溶液相当于 1.12μg 的胡萝卜素。

（四）仪器和设备

（1）研钵、分液漏斗、容量瓶、吸量管、锥形瓶、分光光度计、分析天平、量筒。

（2）层析柱管　上端漏斗形部分容积约 30mL，中部管内径约 1cm，长约 20cm，下部管内径约 0.5cm，长约 8cm。

（3）抽滤装置　清水泵、吸气泵、缓冲瓶、抽滤瓶。

（五）测定步骤

1. 样品的提取

称取切碎或捣碎的样品 1~5g（50~100μg 的胡萝卜素）于研钵中，加入 1∶1 丙酮-石油醚（30~60℃）约 10mL，研磨 2~5min，静置片刻，将上层液倾入（或以少量脱脂棉过滤至）一盛有约 100mL 水的分液漏斗中。

于研钵的样品加入 1∶1 丙酮-石油醚（30~60℃）约 5mL，研磨 1~2min，静置片刻，将上层清液倒入前分液漏斗中，如此反复数次至浸提液无色。

摇动分液漏斗 1min，静置分层，将下层水溶液放入另一分液漏斗中，再向原分液漏斗中加水 30mL，摇动，静置分层，将下层水溶液合并到另一分液漏斗中，如此重复 3~4 次，将丙酮完全洗去。

加入石油醚 5~10mL 于上面的另一分液漏斗中，摇动提取，静置分层后，弃去下层水溶液，将石油醚倒入原分液漏斗中，加入无水硫酸钠，振摇后倾入层析管内进行分离。

2. 层析柱的制备

放少许脱脂棉于层析管底部并压紧，装入 9~10cm 高的氧化镁，轻敲管壁使其装填均匀，将层析管装在抽滤瓶上抽气，用玻璃棒将表面压平，加入约 1cm 高的无水硫酸钠。

于层析管内加入约 10mL 石油醚（60~90℃）抽气减压，使吸附剂润湿并赶走其中的空气。

用量筒接收渗滤液。

3. 加样品溶液并洗脱

当无水硫酸钠表面还留有少许石油醚时，将样品提取液倒入层析管中。

用石油醚洗分液漏斗，并冲洗层析管管壁，随样品提取液的渗滤在吸附柱上逐渐形成色谱，并继续用石油醚洗柱体，直至吸附的胡萝卜素已与其他色素明显分开。

用1：100丙酮-石油醚（60~90℃）或5：100丙酮-石油醚（60~90℃）的洗脱剂洗脱柱体，当橙黄色胡萝卜素层移过柱体中部之后，则开始以25mL干净量筒接收洗脱液直到黄色色层全部被洗脱出来为止。一般加洗脱剂20~25mL即可。

4. 标准曲线的制作

准确吸取每毫升相当于10μg胡萝卜素标准溶液0、0.1、0.2、0.4、0.6、0.8、1.0mL，分别移入10mL的容量瓶中，以石油醚稀释至刻度，于分光光度计在波长453nm处分别测定其吸光度。

以胡萝卜素浓度为横坐标，吸光度为纵坐标，绘制标准曲线。

5. 样品溶液的测定

将收集的全部黄色洗脱液用石油醚稀释到一定体积，胡萝卜素的浓度每毫升为2~4μg。然后按标准曲线制作的步骤测定样品溶液的吸光度，并从标准曲线中查出样品溶液中的胡萝卜素浓度。

（六）结果计算

样品中胡萝卜素含量计算公式：

$$X = \frac{c}{m \times 1000} \times 100 \tag{3-32}$$

式中　X——样品中胡萝卜素含量，mg/100g；

m——用来测定的样品溶液相当于样品的量，g；

c——标准曲线上查得的胡萝卜素浓度，μg。

九、高效液相色谱法测定维生素A、维生素D、维生素E含量

（一）实验目的

（1）熟悉高效液相色谱法的原理及分析方法。

（2）掌握高效液相色谱法测定脂溶性维生素含量的方法。

（二）实验原理

食品样品用乙醚提取其中的脂溶性维生素，除去乙醚后，用碱性醇液皂化被抽提出来的脂类残余物，再用乙醚萃取出皂化液中的脂溶性维生素，除去乙醚并用甲醇定量溶解；然后以十八烷基化学键合硅胶柱为层析分离柱，用含水甲醇溶液为流动相，作恒流洗脱，以紫外光290nm为检测波长，对经处理后的样品甲醇定容液中的维生素A、维生素D和维生素E进行高效液相色谱分离定量测定。

（三）材料和试剂

1. 材料

食品样品。

2. 试剂

（1）乙醚（需重蒸馏）、乙醇、甲醇、500g/L氢氧化钾溶液、焦性没食子酸或维生素C、无水硫酸钠。

（2）维生素 A、维生素 D、维生素 E 的混合标准溶液　分别准确称取三种维生素，用甲醇配制成混合溶液，它们的浓度分别为：维生素 A 1.25μg/mL，维生素 D_3 1.25μg/mL，维生素 E 50μg/mL。

（3）微孔滤膜　0.45μm。

（4）氮气（氮气钢瓶）。

（四）仪器和设备

250mL 分液漏斗、电热恒温水浴箱、旋转蒸发器、喷水抽气泵、吸量管、滤膜滤器、容量瓶、安全瓶（缓冲瓶）、皂化装置（或回流装置）、超声波脱气器、50mL 微量注射器、高效液相色谱仪（具有可变波长的紫外检测器、数据处理系统或记录仪）等。

（五）测定步骤

1. 提取

称取食品样品 10~20g（准确至 0.0001g），用 40mL 乙醚分 4 次抽提，合并提取液并用水洗涤 1~2 次，在通风橱里的电热恒温水浴箱 40℃ 水浴中通氮气蒸干，或用旋转蒸发器抽气并通氮气蒸干。

2. 皂化

在蒸干后被抽提脂类残余物中，加入 40mL 乙醇、40mL 500g/L 氢氧化钾溶液、1g 焦性没食子酸或维生素 C，在水浴上回流皂化 30min，加 10mL 水，振摇，若溶液清澈透明，表示皂化完全。

3. 萃取

将皂化液全部转入 250mL 分液漏斗中，用 40mL 乙醚分 4 次萃取，将乙醚提取液合并，并用水洗至中性（酚酞指示剂变无色），加少量无水硫酸钠振摇脱水，倒出乙醚清液。

4. 浓缩、定容

在通风橱里 40℃ 水浴通氮气条件下蒸干，或用旋转蒸发器抽气浓缩并通氮气至蒸干，再用甲醇定容至 1~2mL，0.45μm 滤膜过滤后，留待进样。

以上操作均在暗处或无阳光直射条件下进行。

5. 高效液相色谱分离测定

高效液相色谱仪的工作条件如下。

色谱柱：十八烷基硅胶键合相填料，10μm，不锈钢柱长 25cm，内径 4.6mm；

流动相：100%甲醇（也可用少量水调节分离度）；

流速：1.5mL/min；

温度：30℃；

进样量：20μL；

检测器：紫外检测器，检测波长 290nm；

数据图谱处理器：微处理器。

流动相甲醇或甲醇-水溶液置于超声波脱气器的水浴上脱气大约 30min。

运行高效液相色谱仪准备工作就绪后，启动色谱仪，设置色谱运行条件参数（上述色谱工作条件），待色谱柱平衡和仪器运转稳定。

用微量注射器吸取标准溶液注入进样器（待进样位置，注意应先用进样溶液洗涤进样器的定量管），扳动进样器手柄至进样位置，同时启动微处理器。待微处理器绘出色谱图并打印出报告后，重复进标准溶液一次或一次以上。

同标准溶液进样一样，进行样品溶液进样，至少重复一次。

取回记录图谱及报告的打印纸。

（六）结果计算

用外标法定量。

维生素 A、维生素 D、维生素 E 的含量计算公式：

$$X = \frac{A_m \times C}{A_s \times m} \tag{3-33}$$

式中　X——维生素 A、维生素 D、维生素 E 的含量，mg/kg；

A_m——样品溶液的峰高或峰面积（平均值）；

A_s——标准溶液的峰高或峰面积（平均值）；

C——进样体积中标准品的质量，μg；

m——进样体积中样品的质量，g。

思考题

1. 测定水分含量时，哪些样品可以采用直接干燥法？哪些样品则需采用真空干燥法？为什么？
2. 采用蒸馏法测定水分含量时，产生误差的主要原因是什么？
3. 测定水分含量和水分活度的意义是什么？二者有何区别与联系？
4. 采用凯氏定氮法测定蛋白质，在消化样品时加入硫酸钾和硫酸铜的作用是什么？加入量的不同对样品消化过程有什么影响？
5. 采用凯氏定氮法测定蛋白质，如何确定样品的消化时间？
6. 采用索氏提取法测定脂肪时，潮湿的样品可以采用乙醚直接提取吗？为什么？
7. 使用乙醚做脂肪提取剂，应注意哪些事项？为什么？
8. 采用间苯二酚分光光度法测定蔗糖时，其他单糖或双糖等物质会产生干扰吗？为什么？
9. 采用气相色谱法测定糖含量时，样品应如何处理？为什么？
10. 采用二氯酚靛酚滴定法测定维生素 C 时，为什么滴定终点以淡红色能保持 15s 不褪色为依据？实验过程中应注意哪些操作步骤？为什么？
11. 采用方波伏安法测定维生素 C 时，三电极系统中的三个电极各起什么作用？为什么电化学测量通常采用三电极系统？
12. 高效液相色谱法分离测定食品样品中的维生素 A、维生素 D 和维生素 E 的主要依据是什么？

第四章

食品功能性成分的测定

第一节　功能性蛋白质与多肽的测定

一、紫外分光光度法测定谷胱甘肽含量

（一）实验目的

（1）学习并掌握定量测定谷胱甘肽的原理和方法。

（2）了解谷胱甘肽的功能性作用。

（二）实验原理

谷胱甘肽是由L-谷氨酸、L-半胱氨酸和甘氨酸经肽键缩合而成的生物活性三肽化合物，故化学名为*N*-（*N*-L-γ-谷氨酰-L-半胱氨酰）甘氨酸。谷胱甘肽广泛存在于所有生物细胞中，以动物组织含量较高。谷胱甘肽在体内以2种形态存在，即还原型谷胱甘肽（GSH）和氧化型谷胱甘肽（GSSG）。还原型谷胱甘肽有生理活性，氧化型谷胱甘肽没有生理活性。谷胱甘肽的提取可以使用溶剂提取法，溶剂主要有水、烯醇和有机酸溶剂等，以热水浸提提取率较高。

由于谷胱甘肽在碱性条件下、波长230nm具有紫外吸收，且在一定浓度范围内，紫外吸收值与谷胱甘肽含量成正比，故可以用紫外分光光度法测定谷胱甘肽含量。

（三）材料和试剂

1. 材料

小麦胚芽。

2. 试剂

（1）0.1mol/L NaOH溶液　将4g NaOH置于1L烧杯内，缓缓加入500mL蒸馏水，搅拌直至溶解，然后定容至1000mL。

（2）谷胱甘肽标准溶液　谷胱甘肽标准品于105℃干燥恒重，称取0.0100g谷胱甘肽标准品，加入0.1mol/L NaOH溶液溶解，定容至50.0mL，此溶液1.00mL含谷胱甘肽0.2mg。

（四）仪器和设备

紫外分光光度计、水浴锅、锥形瓶、容量瓶等。

（五）测定步骤

1. 标准曲线绘制

取0.2mg/mL谷胱甘肽标准溶液0、1.00、2.00、4.00、6.00、10.00mL分别置于25mL容

量瓶中，用 0.1mol/L NaOH 溶液定容至刻度，混匀，配成 0、0.008、0.016、0.032、0.048、0.080mg/mL 的系列标准溶液，在波长 230nm 处测定各标准溶液的吸光度，绘制标准曲线。

2. 样品谷胱甘肽的提取

小麦胚芽适量，用水提取，料液比为 1∶9，浸提温度为 90℃，浸提时间为 15min，定容待测。

3. 样品的测定

精密吸取样液 1.00mL，置于 100mL 容量瓶中，加入 0.1mol/L NaOH 溶液适量（约 20mL），在碱性条件下超声振荡提取 10min，然后加入 0.1mol/L NaOH 溶液定容至刻度，混匀过滤。取滤液（即样品测定液）于波长 230nm 处测定吸光度。

（六）结果计算

样品中谷胱甘肽的含量：

$$X = \frac{\rho \times 100 \times V_1}{V \times m} \times 100 \tag{4-1}$$

式中 X——样品中谷胱甘肽的含量，mg/100g；

ρ——根据样品测定液的吸光度，从标准曲线查得的谷胱甘肽浓度，mg/mL；

V——配制测定液时的取样体积，mL；

V_1——样品用水提取后的定容体积，mL；

m——样品的质量，g。

（七）说明及注意事项

（1）小麦胚芽谷胱甘肽含量为 80~150mg/100g。

（2）该法无法判断样品谷胱甘肽是还原型谷胱甘肽还是氧化型谷胱甘肽，若要区分，可选用高效液相色谱法测定。

二、高效亲和色谱法测定免疫球蛋白含量

（一）实验目的

（1）学习并掌握定量测定免疫球蛋白的原理和方法。

（2）了解免疫球蛋白的功能性作用。

（二）实验原理

根据高效亲和色谱的原理，在磷酸缓冲溶液的条件下，免疫球蛋白 IgG 与配基连接，在 pH 2.5 的盐酸甘氨酸条件下洗脱免疫球蛋白 IgG。

（三）材料和试剂

1. 材料

乳饮料。

2. 试剂

（1）流动相 A　pH 6.5 0.05mol/L 磷酸缓冲溶液。

（2）流动相 B　pH 2.5 0.05mol/L 甘氨酸盐酸缓冲溶液。

（3）1.0mg/mL IgG 标准储备液　称取 IgG 标准品 0.0100g，用流动相 A 溶解并定容至 10mL，摇匀。

（4）IgG 标准系列溶液　取 IgG 标准储备液，用流动相 A 稀释成含 IgG 为 0、0.2、0.4、0.6、0.8、1.0mg/mL 的标准系列。临用时配制。

（四）仪器和设备

高效液相色谱仪 Agilent 1200（附有紫外检测器和梯度洗脱装置）。

（五）测定步骤

（1）试样处理　准确称取 0.1g 试样，用流动相 A 稀释至 25.0mL，摇匀，通过 0.45μm 微孔滤膜后进样。

（2）先用 5 倍柱体积的重蒸水洗柱，再用 10 倍柱体积的流动相 A 平衡柱，进样，按洗脱程序进行洗脱。

（3）HPLC 参考条件

色谱柱：Pharmacia HI-Trap Protein G 柱；

波长：280nm；

进样量：20μL；

流速：0.4mL/min。

梯度洗脱见表 4-1。

表 4-1　梯度洗脱

时间/min	流动相 A/%	流动相 B/%
0	100	0
4.5	100	0
5.5	0	100
15.0	0	100
16.0	100	0
22.0	100	0

（六）结果计算

样品中免疫球蛋白 IgG 的含量：

$$\text{IgG 的含量}(g/100mg) = \frac{\rho V \times 100}{m \times 1000} \quad (4-2)$$

式中　ρ——被测定液 IgG 的含量，mg/mL；

V——试样定容体积，mL；

m——试样的质量，g。

第二节　功能性糖及糖醇的测定

一、高效液相色谱法测定果低聚糖含量

（一）实验目的

（1）学习并掌握果低聚糖含量的测定方法和原理。

（2）了解果低聚糖的作用。

（二）实验原理

果低聚糖是以蔗糖为原料经微生物发酵制得的一种转化糖浆，其成分有果糖、葡萄糖、蔗糖、蔗果三糖（GF2）、蔗果四糖（GF3）和蔗果五糖（GF4）。GF2、GF3 和 GF4 统称果低聚糖。利用糖的旋光性质，以 YWG-NH2 色谱柱和 RID 示差折光检测器对果低聚糖进行高效液相色谱法分析，具有良好的分离效果。

（三）材料和试剂

1. 材料

果低聚糖浆。

2. 试剂

乙腈、果糖、葡萄糖、蔗糖、麦芽糖，均为色谱纯。

（四）仪器和设备

高效液相色谱仪、RID 示差折光检测器、A4700 色谱工作站、高速台式离心机等。

（五）测定步骤

1. 内标溶液及样品溶液的配制

（1）内标溶液　准确称取麦芽糖 5.000g，用 20mL 蒸馏水溶解后定容至 50mL。

（2）样品溶液　准确称取 5.000~10.000g 糖浆，用蒸馏水稀释定容至 50mL。精确量取此样液 2.0mL，加入 1.0mL 上述配好的内标溶液，混匀，用蒸馏水定容至 10mL。

2. 标准曲线的制作

准确称取果糖、葡萄糖、蔗糖各 5.000g，分别用 20mL 蒸馏水溶解后定容至 50mL。按表 4-2 所示，精确量取上述已配好的标准糖液，并加入 1.0mL 内标溶液，混匀，用蒸馏水定容至 10mL。

在本条件下，将 6 组标准混合糖进样分析，以组分糖和内标物的峰面积比（A_i/A_s）为横坐标，浓度比（c_i/c_s）为纵坐标，求出各组分糖的直线回归式：$Y= a+bX$。

表 4-2　混合糖中各标准糖的加入量

编号	果糖/mL	葡萄糖/mL	蔗糖/mL
1	0.1	0.4	0.2
2	0.2	0.6	0.4
3	0.3	0.8	0.6
4	0.4	1.0	0.8
5	0.5	1.2	1.0
6	0.6	1.4	1.2

根据实验数据求得果糖、葡萄糖和蔗糖的线性回归方程依次为：

$$Y = 0.8228X - 0.0028\ (R = 0.994)$$

$$Y = 0.9674X - 0.0991\ (R = 0.997)$$

$$Y = 0.9264X - 0.0215\ (R = 0.998)$$

3. 色谱条件

色谱柱：YWG-NH2，300mm×4.6mm，不锈钢柱；

流动相：乙腈-水（75∶25），流速 1.0mL/min；

进样量：20μL。

4. 测定

将加入内标溶液的样品稀释液经过过滤和离心后，按标准曲线制备的色谱条件进样 20μL 进行测定。

（六）结果计算

果低聚糖浆中各组分糖的含量：

$$\omega_i = \frac{\rho_i}{\frac{m_i}{50} \times \frac{2}{10} \times 1000} \times 100\% \tag{4-3}$$

式中　ω_i——i 组分糖含量，%；

ρ_i——由回归方程求得的组分糖的质量浓度，g/L；

m_i——样品糖浆的质量，g。

（七）说明及注意事项

如无 GF2、GF3 和 GF4 标样，果低聚糖的定量采用间接法，即由测得的总糖中减去果糖、葡萄糖和蔗糖的含量，所得的差值就是糖浆中果低聚糖的含量，而果低聚糖在其固形物中的相对含量则以峰面积归一化法直接由色谱工作站输出的数据得到。

二、酶法测定乳糖含量

（一）实验目的

（1）学习并掌握乳糖含量的测定方法和原理。

（2）了解乳糖的测定意义。

（二）实验原理

通过β-半乳糖苷酶（β-Gal）的作用，将乳糖转化为葡萄糖和半乳糖，在烟酰胺腺嘌呤二核苷酸（NAD^+）存在的条件下，半乳糖经半乳糖脱氢酶（Gal-DH）的作用，被氧化成半乳糖酸内酯，同时生成还原型烟酰胺腺嘌呤二核苷酸（NADH），NADH 的生成量与试样中乳糖含量成正比，在 340nm 或 366nm 波长下测定 NADH 生成量，计算乳糖含量。

（三）材料和试剂

1. 材料

牛乳及牛乳制品。

2. 试剂

乙酸锌-亚铁氰化钾溶液、磷酸氢二钠、硫酸镁、烟酰胺腺嘌呤二核苷酸（NAD^+）、乳糖、半乳糖脱氢酶（Gal-DH）、β-半乳糖苷酶。

（四）仪器和设备

紫外分光光度计等。

（五）测定步骤

1. 乳糖的提取和净化

用温水提取乳糖，乙酸锌-亚铁氰化钾溶液净化处理提取液。酶法测定乳糖，不能使用铅盐净化处理提取液。

2. 缓冲溶液的配制

4.8g 磷酸氢二钠和 0.2g 硫酸镁溶于 200mL 水中，条件 pH 为 7.5。

3. 酶液配制

用 5mL 水溶解 50mg NAD^+；Gal-DH 悬浊液配成 5mg/mL；β-半乳糖苷酶配制成 5mg/mL，低温保存。

4. 测定

乳糖提取液、乳糖标准溶液的测定和空白试验同时进行。

取 3 支试管，分别按表 4-3 加入各溶液。

表 4-3 酶法测定乳糖各溶液加入量 单位：mL

溶液	1号试管（试样）	2号试管（标准溶液）	3号试管（试剂空白）
缓冲液	3.00	3.00	3.00
NAD^+溶液	0.10	0.10	0.10
蒸馏水	—	—	0.20
乳糖标准溶液	—	0.20	—
提取液	0.20	—	—

在 3 支试管中各加入 0.02mL Gal-DH 悬浊液，混匀，放置 30min 后，选 340nm 或 366nm 作为测定波长，以 3 号试管（试剂空白）调分光光度计零点，分别测定 1 号试管（试样）和 2 号试管（标准溶液）的吸光度（记为 A_{B_1} 和 A_{Y_1}）。

以上 3 支试管中再各加 0.02mL β-半乳糖苷酶溶液，混匀。放置 30min 后，以 3 号试管（试剂空白）调分光光度计零点，分别测定 1 号试管（试样）和 2 号试管（标准溶液）的吸光度（记为 A_{B_2} 和 A_{Y_2}）。

根据两次测定值与标准的对照，并扣除空白得到乳糖的含量。

（六）说明及注意事项

乳糖是一种不可发酵的糖，即不能被酵母发酵，但分子中的半缩醛具有还原性。因此测定乳糖可采用酵母发酵，除去试样中发酵的糖类，然后用化学法测定乳糖，这种方法称为发酵法。化学法测定乳糖，需先进行乳糖分离，然后再测定，操作很复杂，而采用酶法测定比较简便。

三、分光光度法测定粗多糖含量

（一）实验目的

（1）学习并掌握粗多糖含量的测定方法和原理。

（2）了解粗多糖的测定意义。

（二）实验原理

分子质量大于 10000u 的多糖经 80% 乙醇沉淀后，加入碱性铜试剂，选择性地从其他高分子物质中沉淀出葡聚糖，沉淀部分与苯酚-硫酸反应，生成有色物质，在485nm条件下，有色物质的吸光度与葡聚糖含量成正比。

（三）材料和试剂

1. 材料

食品样品。

2. 试剂

（1）80%乙醇　800mL无水乙醇加200mL水。

（2）2.5mol/L氢氧化钠溶液　称取100g氢氧化钠，加水稀释至1000mL，加入固体无水碳酸钠至饱和。

（3）铜储存溶液　称取3.0g硫酸铜、30.0g柠檬酸钠加水溶解至1000mL。溶液可储存两周。

（4）铜应用溶液　取铜储存溶液50mL，加水50mL，混匀后加入无水硫酸钠12.5g，临用时配制。

（5）洗涤液　取水50mL，加入10mL铜应用溶液，10mL 2.5mol/L氢氧化钠溶液，混匀。

（6）1.8mol/L硫酸溶液、20g/L苯酚溶液。

（7）葡聚糖标准溶液　称取500mg葡聚糖（分子质量500000u）于称量皿中，105℃干燥4h至恒重，置于干燥器内冷却。准确称取100mg干燥后的葡聚糖，用水溶解并定容至100mL，葡聚糖标准溶液浓度1.0mg/mL。

（8）葡聚糖标准应用溶液　吸取葡聚糖标准液10mL，用水准确稀释10倍，葡聚糖浓度为0.1mg/mL。

（四）仪器和设备

分光光度计、离心机、旋涡混合器、恒温干燥箱等。

（五）测定步骤

1. 样品处理

（1）样品提取　称取样品1～5g，加水100mL，沸水浴加热2h，冷却至室温，定容至200mL（V_1）混匀后过滤，弃去初滤液，收集余下滤液。

（2）沉淀高分子物质　准确吸取上述滤液100mL（V_2），置于烧杯中，加热浓缩至10mL，冷却后，加入无水乙醇40mL，将溶液转至离心管中，以3000r/min离心5min，弃上清液，残渣用80%乙醇洗涤3次，残渣可用于沉淀葡聚糖。

（3）沉淀葡聚糖　上述残渣用水溶解并定容至50mL（V_3），混匀后过滤，弃去初始滤液后，取滤液2.0mL（V_4），加入2.5mol/L氢氧化钠溶液2.0mL、铜应用溶液2.0mL，沸水浴中煮沸2min，冷却后以3000r/min离心5min，弃上清液，残渣用洗涤液洗涤3次，残渣供测定葡聚糖用。

2. 葡聚糖的测定

上述残渣用2.0mL 1.8mol/L硫酸溶解，用水定容至100mL（V_5）。准确吸取2.0mL（V_6），置于25mL比色管中，加入1.0mL苯酚溶液、10mL浓硫酸，沸水浴煮沸2min，冷却比色。从标准曲线上查得相应含量，计算粗多糖含量。

3. 标准曲线制备

准确吸取葡聚糖标准应用液0.10、0.20、0.40、0.60、0.80、1.00、1.50、2.00mL（分别

相当于葡聚糖 0.10、0.20、0.40、0.60、0.80、1.00、1.50、2.00mg），补充水至 2.0mL，加入 1.0mL 苯酚溶液、10mL 浓硫酸，混匀，沸水浴煮沸 2min。冷却后，以试剂空白溶液为参比，用分光光度计在 485nm 波长处测定吸光度（A），以葡聚糖含量为横坐标，A 为纵坐标绘制标准曲线。

（六）结果计算

样品中粗多糖（即葡聚糖）含量的计算公式：

$$X = \frac{m_1 \times V_1 \times V_3 \times V_5}{m \times V_2 \times V_4 \times V_6 \times 1000} \times 100\% = \frac{m_1 \times 250}{m} \times 100\% \qquad (4-4)$$

式中 X——试样中粗多糖的含量，%；

m_1——从标准曲线上查得样品测定管的葡聚糖含量，mg；

V_1——样品提取时定容体积，mL；

V_2——沉淀高分子物质取液量，mL；

V_3——沉淀葡聚糖时定容量，mL；

V_4——沉淀葡聚糖时取液量，mL；

V_5——测定葡聚糖时定容体积，mL；

V_6——样品比色管中取样液体积，mL；

m——样品的质量，g。

四、气相色谱法测定木糖醇含量

（一）实验目的

（1）学习并掌握木糖醇的测定方法和原理。

（2）了解木糖醇的作用。

（二）实验原理

木糖醇是一种重要的代糖，可用于糖尿病人专用食品，能防龋齿及改善肠胃功能。木糖醇在弱碱性条件下甲基硅烷化衍生后，在气相色谱仪上可以进行分离检测。

待测样品衍生后进入气相色谱仪的色谱柱，由于在气固两相中的吸附系数不同，而使木糖醇衍生物与其他组分分离，经过氢火焰离子化检测器进行检测，与标样对照，根据保留时间定性，利用内标法定量分析鉴定木糖醇及其含量。

（三）材料和试剂

1. 材料

食品样品。

2. 试剂

（1）十八烷　色谱纯。

（2）庚烷、吡啶、六甲基二硅胺烷（HMDS）、三甲基氯硅烷（TMCS），均为分析纯。

（3）木糖醇标准品。

（四）仪器和设备

气相色谱仪（带氢火焰离子检测器）、微量注射器等。

（五）测定步骤

1. 内标溶液

准确称取 500mg（精确到 0.0001g）十八烷，用庚烷溶解，移入 25mL 容量瓶中，稀释到刻度，摇匀。

2. 标准制备液

准确称取 50mg（精确到 0.0001g）木糖醇标准品，置于 25mL 容量瓶中，加入 1mL 吡啶，在蒸汽浴上加热溶解，冷却至室温，加入 0.2mL HMDS 和 0.1mL TMCS，室温下放置 30min，加入 5.0mL 内标溶液，用庚烷稀释到刻度，摇匀。

3. 样品制备液

准确称取 50mg（精确到 0.0001g）干燥样品，置于 25mL 容量瓶中，加入 1mL 吡啶，在蒸汽浴上加热溶解，冷却至室温，加入 0.2mL HMDS 和 0.1mL TMCS，室温下放置 30min，加入 5.0mL 内标溶液，用庚烷稀释到刻度，摇匀。

4. 标准制备液测定

于色谱柱中注入 10μL 标准制备液，分别记录木糖醇 TMS 峰的面积 A_x 和十八烷峰的面积 A_0。色谱条件如下。

色谱柱：3mm×2000mm 玻璃柱或不锈钢柱；

固定相：在酸碱处理过的硅烷化色谱硅藻土（60~80 目）上涂以 20%的甲基聚硅氧烷；

载气：高纯氯，流量 50~60mL/min 或调节到进样后约 13min 得到木糖醇的三甲基硅烷醚（TMS）峰；

空气流速：600mL/min；

柱温：190℃；

检测室温度：250℃；

汽化室温度：250℃。

5. 样品制备液测定

同样地，注入 10μL 样品制备液，分别记录木糖醇 TMS 峰的面积 A_x 和十八烷峰的面积 A_0。

（六）结果计算

1. 木糖醇响应比 *RR* 的计算

$$RR = \frac{A_x \times \rho_0}{A_0 \times \rho_x} \tag{4-5}$$

式中　RR——木糖醇的响应比；

A_x——木糖醇 TMS 峰的面积，cm^2；

A_0——十八烷峰的面积，cm^2；

ρ_0——标准制备液中十八烷的质量浓度，mg/mL；

ρ_x——标准制备液中木糖醇标准品的质量浓度，mg/mL。

2. 木糖醇含量的计算公式

$$X = \frac{A_x \times \rho_0 \times 25}{A_0 \times RR \times m} \times 100\% \tag{4-6}$$

式中　X——试样中木糖醇的含量，%；

A_x——木糖醇 TMS 峰的面积，cm^2；

A_0——十八烷峰的面积，cm^2；

ρ_0——标准制备液中十八烷的质量浓度，mg/mL；

RR——木糖醇的响应比；

m——干燥失重后样品的质量，mg。

（七）说明及注意事项

允许差：木糖醇测定结果的相对偏差不超过 0.2%，取平均值为测定结果。

第三节　多酚的测定

一、分光光度法测定茶多酚含量

（一）实验目的

（1）学习并掌握分光光度法测定茶多酚含量的原理和方法。

（2）了解茶叶中多酚含量情况。

（二）实验原理

茶多酚是茶叶中一类主要的化学成分。茶多酚除具有抗氧化作用外，还具有抑菌作用，如对葡萄球菌、大肠杆菌、枯草芽孢杆菌等有抑制作用，是茶叶中重要的功能成分。茶多酚类物质与过量的亚铁离子反应生成稳定的紫褐色络合物，溶液颜色的深浅与溶液中茶多酚的含量成正比。因此，可通过比色法定量测定茶多酚。

儿茶素类化合物是茶多酚的主要成分，占茶多酚含量的 65%~80%，常被作为检测茶多酚的标品。

（三）材料和试剂

1. 材料

茶叶。

2. 试剂

（1）酒石酸铁溶液　称取 $FeSO_4 \cdot 7H_2O$ 1g 和含 4 个结晶水的酒石酸钾钠 5g，混合后加蒸馏水溶解，定容至 1000mL。

（2）pH 7.5 磷酸缓冲溶液　称取磷酸氢二钠 60.2g 和磷酸二氢钠 5.00g，混合后加蒸馏水溶解，定容至 1000mL。

（四）仪器和设备

水浴锅、分光光度计、锥形瓶、容量瓶、吸管、滴瓶等。

（五）测定步骤

1. 样品试液制备

准确称取磨碎并混匀的茶叶样品 1g 于 200mL 锥形瓶中，加入沸水 80mL，在沸水浴中保温浸提 30min，然后过滤、洗涤，滤液和洗涤液合并转入 100mL 容量瓶中，冷却后加蒸馏水定容。

2. 测定

吸取样品试液 1mL 于 25mL 容量瓶中，加入蒸馏水 4mL 和酒石酸铁溶液 5mL，摇匀，再加入 pH 7.5 的磷酸缓冲溶液稀释至刻度；以蒸馏水代替样品试液，加入同样的试剂作空白，以试剂空白溶液作参比，用 1cm 光程的比色杯，在波长 540nm 处测定吸光度。

（六）结果计算

样品中茶多酚含量的计算公式：

$$X = \frac{A \times 3.914 \times V}{1000 \times V_1 \times m} \times 100\% \tag{4-7}$$

式中 X——试样中茶多酚的含量，%；

A——样品试液的吸光度；

V——样品试液的总体积，mL；

V_1——测定时吸取样品试液体积，mL；

m——称取样品茶叶的质量，g。

（七）说明及注意事项

（1）磷酸缓冲溶液在常温下易发霉，应冷藏保存。

（2）酒石酸铁比色法是测定多酚物质总量的方法之一，并被认为是测定茶多酚精密度较高的方法。这种方法也可用于测定含有儿茶酸和无色花色素结构的多酚类物质的其他食品。

（3）如果希望进一步简化分析操作，可用“吸光度为 1.00 时，供试液中茶多酚的质量浓度为 7.826mg/mL”这一经验比，直接从试液的吸光度测定值来计算样品中茶多酚含量。

二、高效液相色谱法测定花色苷含量

（一）实验目的

（1）掌握高效液相色谱法测定花色苷含量的原理及液相色谱仪的操作流程。

（2）了解黑米中花色苷的提取方法和检测方法。

（二）实验原理

花色苷是花青素与糖以糖苷键结合而成的、广泛存在于植物中的一类水溶性色素，属于酚类化合物中的类黄酮类物质。矢车菊素-3-*O*-葡萄糖苷（C3G）是花色苷类的一种，易溶于乙醇，主要存在于黑米、黑豆、紫薯等植物中。

高效液相色谱法测定花色苷含量

采用乙醇和水作为溶剂，利用超声微波协同辅助提取黑米中的 C3G。然后用高效液相色谱仪-紫外检测器对 C3G 进行分离和鉴定，采用外标法进行定量。

（三）材料和试剂

1. 材料

黑米。

2. 试剂

（1）C3G 标准品（纯度≥98%）。

（2）三氟乙酸、无水乙醇、二甲基亚砜 均为分析纯。

（3）甲醇 色谱纯。

（4）C3G 标准溶液的配制 准确称取 4.49mg C3G 标准品，用二甲基亚砜溶解定容至

1mL，得到10mmol/L的C3G标准储备液。使用时，移取适量的10mmol/L的C3G标准储备液，用甲醇稀释成0.1、0.2、0.3、0.4、0.5mmol/L的系列标准工作液。

（四）仪器和设备

高效液相色谱仪（带紫外检测器）、SB-C_{18}（250mm×4.6mm，5μm）色谱柱、超声微波协同提取装置、粉碎机、分析天平等。

（五）测定步骤

1. 样品前处理

称取1g（准确至0.0001g）粉碎的黑米样品，加入4mL 50%乙醇水溶液，放入超声微波协同提取装置中，在功率为600W、提取温度为50℃条件下提取15min，然后用超纯水定容至10mL，过0.45μm的滤膜，移至样品瓶中待测。

2. 高效液相色谱仪的使用方法和检测条件

打开仪器电源，依次打开泵、进样器、柱温箱、检测器的电源，排气15min。设置液相检测方法：流动相为0.1%三氟乙酸水（A）-100%甲醇（B）。梯度洗脱程序：0~10min，60%~100%B；10~12min，100%~60%B；12~23min，60%B。流速：1.0mL/min。进样量：20μL。柱温：30℃。波长：535nm。

3. 标准溶液和样品的测定

将上面配好的5个系列标准工作液和处理好的3个平行样品放入进样盘，进行检测。

（六）结果计算

以C3G标准工作液的浓度为横坐标，以峰面积为纵坐标，绘制标准曲线，采用外标法进行定量计算。待测样液中C3G的响应值应在标准曲线范围内，超过线性范围则应调整样品溶液的浓度，重新进行分析。

第四节　黄酮的测定

（一）实验目的

（1）学习并掌握分光光度法定量测定黄酮类化合物的原理和方法。

（2）了解植物中黄酮类物质的含量情况。

（二）实验原理

许多高等植物组织一般都含有丰富的黄酮类化合物。总黄酮类化合物可溶于甲醇而不溶于乙醚/石油醚，故以乙醚/石油醚去除植物材料中的脂溶性杂质，再用甲醇提取组织中的黄酮类化合物。

在中性或弱碱性及亚硝酸钠存在条件下，黄酮类化合物与铝盐生成螯合物，加入氢氧化钠溶液后显红橙色，在510nm波长附近有吸收峰且符合定量分析的比尔定律。一般情况下，黄酮的测定用芦丁标准系列定量。

（三）材料和试剂

1. 材料

橘子皮。

2. 试剂

（1）甲醇、石油醚。

（2）50g/L 硝酸钠溶液、100g/L 三氯化铝溶液、40g/L 氢氧化钠溶液。

（3）芦丁。

（四）仪器和设备

紫外-可见分光光度计、索氏提取器等。

（五）测定步骤

1. 标准曲线的绘制

准确称取黄酮标准样品（芦丁）200mg，置于 100mL 容量瓶中，用甲醇定容、混匀。取 10mL 置于 100mL 容量瓶中，用蒸馏水定容、摇匀。此溶液中芦丁的浓度为 0.2mg/mL。

取上述水稀释液 0、1.0、2.0、3.0、4.0、5.0、6.0mL，分别置于 25mL 容量瓶中。各加入 50g/L 硝酸钠溶液 1mL，混匀，置于室温下静置 6min，各加入 100g/L 三氯化铝溶液 1mL，混匀后于室温下静置 6min，各加入 40g/L 氢氧化钠溶液 10mL，用蒸馏水定容，静置 15min。

以第一瓶为空白，使用 1cm 比色杯，在波长 510nm 测定各瓶溶液的吸光度。以芦丁的质量（mg）为横坐标，溶液的吸光度为纵坐标，制作标准曲线。

2. 黄酮类混合物样液制备

将橘子皮剪碎，准确称取 25g，置于索氏提取器中，加入 60mL 石油醚，45℃ 回流至回流液滴无色，冷却至室温，弃去石油醚，加入 100mL 甲醇，在 70℃ 回流至回流液滴无色。冷却至室温，转移到 100mL 容量瓶中，用甲醇定容，混匀后吸取 10mL，置于 100mL 容量瓶中，用蒸馏水定容，作为比色法测定黄酮类化合物含量的样液。

3. 总黄酮类化合物含量的测定

取上述样液 3mL（控制吸光度在标准曲线吸光度的中间）于 25mL 容量瓶中，以下步骤与标准曲线制作相同。

（六）结果计算

样品中黄酮类化合物含量的计算公式：

$$X = m_1 \times \frac{100 \times 100}{m \times 10 \times 3 \times 1000} \times 100\% \tag{4-8}$$

式中 X——试样中黄酮类化合物的含量，%；

m_1——从标准曲线上获得的与样品吸光度对应的黄酮类化合物质量，mg；

m——样品的质量，g。

（七）说明及注意事项

黄酮类化合物对光敏感，故在操作过程中应尽量避光。

思考题

1. 什么是亲和色谱？它主要用于测定哪些物质？
2. 采用气相色谱法测定木糖醇含量时，样品应如何处理？为什么？
3. 测定黄酮类化合物还有哪些常用的方法？这些方法分别有什么特点？

第五章

05

食品添加剂的测定

第一节　甜味剂的测定

一、高效液相色谱法测定糖精钠含量

（一）实验目的

（1）学习高效液相色谱法测定食品中糖精钠含量的基本原理。

（2）掌握高效液相色谱法的基本操作技术。

（二）实验原理

样品中的糖精钠经水提取，高脂肪样品经正己烷脱脂、高蛋白样品经蛋白沉淀剂沉淀蛋白质，采用液相色谱分离、紫外检测器检测，外标法定量。

（三）材料和试剂

1. 材料

食品样品。

2. 试剂

（1）甲醇、无水乙醇。

（2）氨水溶液（1∶99）。

（3）亚铁氰化钾溶液（92g/L）　称取 106g 亚铁氰化钾，加入适量水溶解，用水定容至 1000mL。

（4）乙酸锌溶液（183g/L）　称取 220g 乙酸锌并溶于少量水中，加入 30mL 冰乙酸，用水定容至 1000mL。

（5）乙酸铵溶液（20mmol/L）　称取 1.54g 乙酸铵，加水至 1000mL 溶解，经 0.22μm 水相微孔滤膜过滤。

（6）甲酸-乙酸铵溶液（2mmol/L 甲酸+20mmol/L 乙酸铵）　称取 1.54g 乙酸铵，加入适量水溶解，再加入 75.2μL 甲酸，用水定容至 1000mL，经 0.22μm 水相微孔滤膜过滤。

（7）糖精钠（以糖精计）标准储备液（1000mg/L）　准确称取 0.117g 经 120℃烘干 4h 后的糖精钠，加水溶解并定容至 100mL。

（8）糖精钠（以糖精计）标准使用溶液　分别准确吸取不同体积的糖精钠标准储备溶液，

用水定容至 10mL，得到不同质量浓度的糖精钠标准使用溶液。临用现配。

（四）仪器和设备

高效液相色谱仪（附紫外检测器）等。

（五）测定步骤

1. 试样处理

（1）高蛋白样品　称取 2.00g 均匀试样于 50mL 具塞离心管中，加水约 25mL，涡旋混匀，于 50℃水浴超声 20min，冷却至室温后加亚铁氰化钾溶液 2mL 和乙酸锌溶液 2mL，混匀，于 8000r/min 离心 5min，将水相转移至 50mL 容量瓶中，于残渣中加水 20mL，涡旋混匀后超声 5min，于 8000r/min 离心 5min，将水相合并到同一 50mL 容量瓶中，并用水定容至刻度，混匀。取适量上清液经 0.22μm 滤膜过滤。

（2）高脂肪样品　称取 2.00g 均匀试样于 50mL 具塞离心管中，加正己烷 10mL，于 60℃水浴加热 5min，并不时轻摇以溶解脂肪，然后加氨水溶液（1∶99）25mL，乙醇 1mL，涡旋混匀，于 50℃水浴超声 20min，冷却至室温后，加亚铁氰化钾溶液 2mL 和乙酸锌溶液 2mL，混匀，于 8000r/min 离心 5min，弃去有机相，水相转移至 50mL 容量瓶中，残渣同（1）再提取一次。

2. 高效液相色谱参考条件

（1）色谱柱　C_{18} 柱，4.6mm×250mm×5μm，或等效色谱柱。

（2）流动相　甲醇-乙酸铵溶液（20mmol/L）（体积比为 5∶95）。

（3）流速　1mL/min。

（4）检测器　紫外检测器，230nm 波长。

（5）进样量　10μL。

3. 测定

将各浓度标准使用液分别注入高效液相色谱仪中，测定相应的峰面积，以浓度为横坐标，相应的峰面积为纵坐标，绘制标准曲线。接着将试样溶液注入液相色谱仪中，得到峰面积，根据标准曲线得到待测液中糖精钠（以糖精计）的质量浓度。

（六）结果计算

试样中糖精钠含量的计算公式：

$$X = \frac{\rho \times V}{m \times 1000} \tag{5-1}$$

式中　X——试样中糖精钠（以糖精计）含量，g/kg；

ρ——由标准曲线得出的试样溶液中待测物的质量浓度，mg/L；

V——试样定容体积，mL；

m——试样质量，g。

二、薄层色谱法测定糖精钠含量

（一）实验目的

（1）掌握薄层色谱法的基本操作技术。

（2）学习薄层色谱法测定食品中糖精钠含量的基本原理。

(二) 实验原理

在酸性条件下，食品中的糖精钠用乙醚提取、浓缩，薄层色谱分离、显色后，与标准比较，进行定性和半定量测定。

(三) 材料和试剂

1. 材料

冷冻饮品、果酱、复合调味料等。

2. 试剂

(1) 盐酸溶液 (1∶1)。

(2) 乙醚　不含过氧化物。

(3) 无水硫酸钠　经550℃灼烧4h处理。

(4) 无水乙醇。

(5) 100g/L硫酸铜溶液、40g/L氢氧化钠溶液、0.8g/L氢氧化钠溶液。

(6) 硅胶GF254。

(7) 5g/L羧甲基纤维素钠溶液 (CMC-Na)。

(8) 展开剂　苯-乙酸乙酯-乙酸 (12∶7∶1)。

(9) 糖精钠标准溶液　称取糖精钠0.1000g，用无水乙醇溶解并定容至100mL，此标准溶液含糖精钠1mg/mL。

(四) 仪器和设备

玻璃板 (10cm×10cm)、薄层色谱装置、微量吸管及吹风筒、紫外分光光度计等。

(五) 测定步骤

1. 样品的提取

(1) 冷冻饮品　取10.00mL均匀试样 (如试样中含有二氧化碳，先加热除去。如试样中含有酒精，加40g/L氢氧化钠溶液使其呈碱性，在沸水浴中加热除去)，置于100mL分液漏斗中，加2mL盐酸溶液，分别用30mL、20mL、20mL乙醚提取三次，合并乙醚提取液，用5mL经盐酸酸化的水洗涤一次，弃去水层，乙醚层通过无水硫酸钠脱水后，挥发乙醚，加2.00mL乙醇溶解残留物，密封保存，备用。

(2) 果酱、复合调味料　称取20.00g或吸取20.00mL均匀试样，置于100mL容量瓶中，加水至约60mL，加100g/L硫酸铜溶液20mL，混匀后再加40g/L氢氧化钠溶液4.40mL，最后加水定容。静置30min后过滤，取50mL滤液置于150mL分液漏斗中，加2mL盐酸溶液，用乙醚提取过程及其后操作同 (1)。

(3) 含蛋白质、脂肪、淀粉多的食品　称取25.00g均匀试样置于透析用玻璃纸中，放入烧杯内，加0.8g/L氢氧化钠溶液50mL调成糊状，将玻璃纸口扎紧，放入盛有200mL 0.8g/L氢氧化钠溶液的烧杯中，盖上表面皿，透析过夜。量取125mL透析液 (相当于12.50g试样)，加约0.40mL盐酸溶液使其成为中性，加100g/L硫酸铜溶液20mL，混匀，再加40g/L氢氧化钠溶液4.40mL，混匀后静置30min，过滤。取120mL滤液 (相当于10g试样) 置于250mL分液漏斗中，加2mL盐酸溶液，用乙醚提取过程及其后操作同 (1)。

2. 薄层板的制备

(1) 制板前处理　制板前应对玻璃板进行预处理，先用水或洗涤剂充分洗净烘干，在涂料前用蘸有无水乙醇或乙醚的脱脂棉擦净。

（2）吸附剂的调制　称取 1.4g 硅胶 GF254 于小研钵中，加入 4.5mL 5g/L 的 CMC-Na 溶液，充分研匀。但不宜过于剧烈，以免产生气泡，使固化后薄板上有起泡点。

（3）涂布操作　将研匀的浆液倾注于 10cm×10cm 玻璃板中间，然后把玻璃板前后左右缓缓倾斜，使浆液均匀布满整块玻璃板，置于水平的位置上让其自然干燥后收入薄板架上。

（4）薄层板的活化和保存　将自然干燥后的薄板放入干燥箱中，在 100℃活化 1h，然后置于干燥器中保存，供一周内使用。

3. 点样

点样前对薄层板进行修整，然后在薄板下端 2cm 处用铅笔轻轻画一直线为原线，用微量注射器分别点 10μL 和 20μL 的样液两个点，同时点 3.00、5.00、7.00 和 10.00μL 糖精钠标准溶液（相当于糖精钠 3.00、5.00、7.00 和 10.00μg），各点间距 1.5cm。

4. 展开与显色

将点好样的薄层板放入盛有展开剂的展开槽中，展开剂液层高度不能超过原线高度（一般 0.5~1cm），展开至上端约 8cm，取出薄层板。挥发展开剂，在紫外光灯下观察，确定斑点的位置及大小。

5. 定性与定量

（1）定性　薄层板经斑点显色后，根据试样点与标准点的比移值 R_f 定性，比移值用下式计算：

$$R_f = \frac{\text{原点至斑点中心的距离}}{\text{原点至溶剂前沿的距离}} = \frac{a}{b} \tag{5-2}$$

（2）半定量　在薄层板上测量斑点面积或颜色深浅比较作半定量。本实验条件下，可直接根据试样与标准的斑点面积大小及颜色深浅比较，记录其点样体积，进行半定量。

（3）定量　将薄层板上斑点处的薄层刮入小烧杯中，加入适量的碳酸氢钠浸出后，经离心分离，取清液用比色法、分光光度法等与标准比较定量。

（六）结果计算

试样中糖精钠含量的计算公式：

$$\omega(\rho) = \frac{m_1 \times V_1}{m \times V_2} \tag{5-3}$$

式中　ω（ρ）——试样中的糖精钠含量，g/kg（或 g/L）；

m——试样质量（或体积），g（或 mL）；

m_1——测定用样液中糖精钠的质量，mg；

V_1——试样提取液残留物加入乙醇的总体积，mL；

V_2——点样液体积，mL。

（七）说明及注意事项

（1）薄层色谱用的溶剂系统不可存放太久，否则浓度和极性都会变化，影响分离效果，应在使用前现配制。

（2）在展开之前，展开剂在缸中应预先平衡 1h，使缸内蒸气压饱和，以免出现边缘效应。

（3）展开剂液层高度不能超过原线高度，在 0.5~1cm，展开至上端，待溶剂前沿上层至 10cm 时，取出挥干。

（4）在点样时最好用吹风机边点边吹干，在原线上点，直至点完一定量。点样点直径不宜超过 2mm。

第二节　防腐剂的测定

一、气相色谱法测定山梨酸和苯甲酸含量

（一）实验目的

（1）学习气相色谱仪的测定原理及操作技术。

（2）掌握外标法定量的方法。

（二）实验原理

样品酸化后，用乙醚提取山梨酸、苯甲酸，经浓缩后，用带氢火焰离子化检测器的气相色谱仪进行分离分析，用外标法与标准系列比较定量。

（三）材料和试剂

1. 材料

食品样品。

2. 试剂

（1）乙醚、乙醇。

（2）盐酸（1∶1）、无水硫酸钠。

（3）正己烷-乙酸乙酯混合溶液（1∶1）　取 100mL 正己烷和 100mL 乙酸乙酯，混匀。

（4）山梨酸和苯甲酸标准储备液（1000mg/L）　分别准确称取 0.1000g 山梨酸和苯甲酸，用甲醇溶解并分别定容至 100mL。

（5）山梨酸和苯甲酸混合标准中间溶液（200mg/L）　分别准确吸取山梨酸和苯甲酸标准储备液各 10.0mL 于 50mL 容量瓶中，用乙酸乙酯定容。

（6）山梨酸和苯甲酸混合标准使用液　分别准确吸取山梨酸和苯甲酸混合标准中间溶液 0、0.05、0.25、0.50、1.00、2.50、5.00 和 10.0mL，用正己烷-乙酸乙酯混合溶液（1∶1）分别定容至 10mL，配制成质量浓度分别为 0、1.00、5.00、10.0、20.0、50.0、100 和 200mg/L 的混合标准使用液。临用现配。

（四）仪器和设备

带有氢火焰离子化检测器的气相色谱仪、常用玻璃仪器等。

（五）测定步骤

1. 样品提取

称取 2.50g 混合均匀的试样于 50mL 离心管中，加 0.5g 氯化钠、0.5mL 盐酸（1∶1）和 0.5mL 乙醇，用 15mL 和 10mL 乙醚提取两次，每次振摇 1min，于 8000r/min 离心 3min。每次均将上层乙醚提取液通过无水硫酸钠滤入 25mL 容量瓶中。加乙醚清洗无水硫酸钠层并收集至约 25mL 刻度处，最后用乙醚定容，混匀。准确吸取 5mL 乙醚提取液于 5mL 具塞刻度试管中，于 35℃氮吹至干，加入 2mL 正己烷-乙酸乙酯混合溶液（1∶1）溶解残渣，备用。

2. 气相色谱条件

（1）色谱柱　聚乙二醇毛细管气相色谱柱，内径 320μm，长 30m，膜厚度 0.25μm，或等效色谱柱。

（2）气体流速　载气为氮气，3mL/min。氮气和空气、氢气的比值按各仪器型号选择各自的最佳比例条件。

（3）温度　进样口 250℃，检测器 250℃，柱温程序：初始温度 80℃，保持 2min，以 15℃/min 的速率升温至 250℃，保持 5min。

（4）进样量　2μL。

（5）分流比　10∶1。

3. 测定

将各浓度混合标准使用液分别注入气相色谱仪中，测定相应的峰面积，以浓度为横坐标，相应的峰面积为纵坐标，绘制标准曲线。接着将试样溶液注入气相色谱仪中，得到峰面积，根据标准曲线得到待测液中山梨酸和苯甲酸的质量浓度。

（六）结果计算

样品中苯甲酸或山梨酸的含量计算：

$$X = \frac{\rho \times V \times 25}{m \times 5 \times 1000} \tag{5-4}$$

式中　X——试样中山梨酸或苯甲酸含量，g/kg；

ρ——由标准曲线得出的试样溶液中待测物的质量浓度，mg/L；

V——加入正己烷-乙酸乙酯混合溶液（1∶1）的体积，mL；

m——试样质量，g；

25——试样乙醚提取液的总体积，mL；

5——制备待测试样溶液时吸取乙醚提取液的体积，mL。

（七）说明及注意事项

（1）测得的苯甲酸含量乘以 1.18，即为样品中苯甲酸钠的含量。

（2）样品处理时酸化可使山梨酸钾、苯甲酸钠转变为山梨酸、苯甲酸。

（3）乙醚提取液应用无水硫酸钠充分脱水，进样溶液中含水会影响测定结果。

（4）气相色谱仪的操作按仪器操作说明进行。

二、高效液相色谱法测定山梨酸和苯甲酸含量

（一）实验目的

（1）学习高效液相色谱法测定食品中山梨酸和苯甲酸含量的基本原理。

（2）掌握外标法定量的方法。

（二）实验原理

样品中的山梨酸和苯甲酸经水提取，高脂肪样品经正己烷脱脂、高蛋白样品经蛋白沉淀剂沉淀蛋白质，采用液相色谱分离、紫外检测器检测，外标法定量。

（三）材料和试剂

1. 材料

食品样品。

2. 试剂

（1）甲醇、无水乙醇。

（2）氨水溶液（1∶99）。

（3）亚铁氰化钾溶液（92g/L）　称取106g亚铁氰化钾，加入适量水溶解，用水定容至1000mL。

（4）乙酸锌溶液（183g/L）　称取220g乙酸锌并溶于少量水中，加入30mL冰乙酸，用水定容至1000mL。

（5）乙酸铵溶液（20mmol/L）　称取1.54g乙酸铵，加水至1000mL溶解，经0.22μm水相微孔滤膜过滤。

（6）甲酸-乙酸铵溶液（2mmol/L甲酸+20mmol/L乙酸铵）　称取1.54g乙酸铵，加入适量水溶解，再加入75.2μL甲酸，用水定容至1000mL，经0.22μm水相微孔滤膜过滤。

（7）山梨酸和苯甲酸标准储备溶液（1000mg/L）　分别准确称取0.1000g山梨酸和苯甲酸，用甲醇溶解并分别定容至100mL。

（8）山梨酸和苯甲酸混合标准中间溶液（200mg/L）　分别准确吸取山梨酸和苯甲酸标准储备溶液各10.0mL于50mL容量瓶中，用水定容。

（9）山梨酸和苯甲酸混合标准使用溶液　分别准确吸取山梨酸和苯甲酸混合标准中间溶液0、0.05、0.25、0.50、1.00、2.50、5.00和10.0mL，用水定容至10mL，配制成质量浓度分别为0、1.00、5.00、10.0、20.0、50.0、100和200mg/L的混合标准使用溶液。临用现配。

（四）仪器和设备

高效液相色谱仪（附紫外检测器）等。

（五）测定步骤

1. 试样处理

（1）一般性样品　称取2.00g均匀试样于50mL具塞离心管中，加水约25mL，涡旋混匀，于50℃水浴超声20min，冷却至室温后加亚铁氰化钾溶液2mL和乙酸锌溶液2mL，混匀，于8000r/min离心5min，将水相转移至50mL容量瓶中，于残渣中加水20mL，涡旋混匀后超声5min，于8000r/min离心5min，将水相合并到同一50mL容量瓶中，并用水定容至刻度，混匀。取适量上清液过0.22μm滤膜。

（2）高脂肪样品　称取2.00g均匀试样于50mL具塞离心管中，加正己烷10mL，于60℃水浴加热约5min，并不时轻摇以溶解脂肪，然后加氨水溶液（1∶99）25mL，乙醇1mL，涡旋混匀，于50℃水浴超声20min，冷却至室温后，加亚铁氰化钾溶液2mL和乙酸锌溶液2mL，混匀，于8000r/min离心5min，弃去有机相，水相转移至50mL容量瓶中，残渣同（1）再提取一次。

（3）含胶基的果冻、糖果等样品　称取2.00g均匀试样于50mL具塞离心管中，加水约25mL，涡旋混匀，于70℃水浴加热溶解试样，于50℃水浴超声20min，之后的操作同（1）。

2. 高效液相色谱参考条件

（1）色谱柱　C_{18}柱，4.6mm×250mm×5μm，或等效色谱柱。

（2）流动相　甲醇-乙酸铵溶液（20mmol/L）（体积比为5∶95）。

（3）流速　1mL/min。

（4）检测器　紫外检测器，230nm波长。

（5）进样量　10μL。

3. 测定

将各浓度混合标准使用溶液分别注入高效液相色谱仪中，测定相应的峰面积，以浓度为横坐标，相应的峰面积为纵坐标，绘制标准曲线。接着将试样溶液注入液相色谱仪中，得到峰面积，根据标准曲线得到待测液中山梨酸和苯甲酸的质量浓度。

（六）结果计算

试样中山梨酸或苯甲酸含量的计算公式：

$$X = \frac{\rho \times V}{m \times 1000} \tag{5-5}$$

式中 X——试样中山梨酸或苯甲酸含量，g/kg；

ρ——由标准曲线得出的试样溶液中待测物的质量浓度，mg/L；

V——试样定容体积，mL；

m——试样质量，g。

（七）说明及注意事项

（1）在重复性条件下获得的两次独立测定结果的绝对差值不得超过算术平均值的10%。

（2）本方法可同时测定糖精钠。

（3）碳酸饮料、果酒、果汁、蒸馏酒等样品在处理时可以不加蛋白沉淀剂。

第三节 抗氧化剂的测定

一、气相色谱法测定丁基羟基茴香醚、二丁基羟基甲苯与特丁基对苯二酚含量

（一）实验目的

（1）学习气相色谱法测定丁基羟基茴香醚（BHA）、二丁基羟基甲苯（BHT）与特丁基对苯二酚（TBHQ）的实验原理和方法。

（2）掌握气相色谱法检测技术。

（二）实验原理

样品中的抗氧化剂用有机溶剂提取，凝胶渗透色谱净化系统（GPC）净化后，经气相色谱分离，用氢火焰离子化检测器（FID）检测，根据保留试剂定性，外标法定量。

（三）材料和试剂

1. 材料

桃酥、蛋糕、面包等。

2. 试剂

（1）石油醚 沸程30~60℃。

（2）环己烷、乙酸乙酯、乙腈。

（3）BHA、BHT、TBHQ标准储备液 准确称取BHA、BHT、TBHQ标准品各50mg，用乙酸乙酯-环己烷（1∶1）定容至50mL，配制成1mg/mL储备液，置于冰箱中保存。

（4）BHA、BHT、TBHQ 标准使用液　吸取标准储备液 0.1、0.5、1.0、2.0、3.0、4.0、5.0mL，于一组 10mL 容量瓶中，用乙酸乙酯-环己烷（1∶1）定容，此标准系列的浓度为 0.01、0.05、0.1、0.2、0.3、0.4、0.5mg/mL，现用现配。

（四）仪器和设备

（1）气相色谱仪（具有 FID 检测器）、旋转蒸发仪、旋涡混合器、粉碎机。

（2）凝胶渗透色谱净化系统（GPC）或可进行脱脂的等效分离装置。

（3）微孔过滤器　0.45μm 有机系滤膜。

（五）测定步骤

1. 固体样品的制备

称取 200g 含油脂较多的试样，含油脂少的试样称取 400g，然后用对角线法取四分之二或六分之二，或根据试样情况取有代表性的试样，在玻璃乳钵中研碎，混合均匀后放置于广口瓶内保存于冰箱中。

（1）样品处理

①油脂样品：混合均匀的油脂样品，过 0.45μm 滤膜备用。

②油脂含量较高或中等的样品（油脂含量 15%以上的样品）：根据样品中油脂含量，称取 50~100g 混合均匀样品，置于 250mL 具塞锥形瓶中，加入 100~200mL 石油醚，放置过夜，用快速滤纸过滤后，减压回收溶剂，得到的油脂试样过 0.45μm 滤膜备用。

③油脂含量少的样品（油脂含量 15%以下的样品）和不含油脂的样品（如口香糖等）：称取 1~2g 粉碎并混合均匀的样品，加入 10mL 乙腈，旋涡混合 2min，过滤，重复操作 3 次，将滤液旋转蒸发至近干，用乙腈定容至 2mL，过 0.45μm 滤膜，直接进气相色谱仪分析。

（2）净化　称取备用的油脂试样 0.5g，用乙酸乙酯-环己烷（1∶1）定容至 10mL，旋涡混合 2min，经凝胶渗透色谱净化，收集流出液，旋转蒸发至近干，用乙酸乙酯-环己烷（1∶1）定容至 2mL，进气相色谱仪分析。

2. 植物油试样的制备

直接称取均匀试样 2.00g，放入 50mL 烧杯，样品净化方法与固体样品脂肪提取物净化处理方法相同。

3. 测定

（1）气相色谱条件

检测器：FID；

色谱柱：（14%氰丙基-苯基）二甲基聚硅氧烷毛细管柱（30m×0.25mm），膜厚 0.25μm；

温度：检测室 250℃，进样口 230℃；

升温程序：初始温度 80℃，保持 1min，以 10℃/min 升温至 250℃，保持 5min；

载气流量：氮气 1mL/min；

进样量：1μL，不分流进样。

（2）在上述仪器条件下，样品待测液和三种标准品在相同保留时间出峰，可定性 BHA、BHT、TBHQ 三种抗氧化剂。以标准样品浓度为横坐标，峰面积为纵坐标，作线性回归方程，从标准曲线中查出样品溶液中抗氧化剂的含量。

（六）结果计算

样品中 BHA、BHT、TBHQ 三种抗氧化剂含量的计算公式：

$$X = c \times \frac{V}{m} \tag{5-6}$$

式中 X——样品中抗氧化剂含量，mg/kg（或 mg/L）；

c——从标准曲线上查出的样品溶液中抗氧化剂的浓度，μg/mL；

V——样品定容体积，mL；

m——样品质量，g（或 mL）。

（七）说明及注意事项

（1）抗氧化剂随存放时间延长，其含量逐渐下降，因此样品应及时检测，不宜久存。

（2）在重复性条件下获得的两次独立测定结果的绝对差值不得超过算术平均值的 10%。

二、酒石酸亚铁分光光度法测定没食子酸丙酯含量

（一）实验目的

（1）学习酒石酸亚铁分光光度法测定没食子酸丙酯含量的实验原理和方法。

（2）掌握分光光度法检测技术。

（二）实验原理

试样经石油醚溶解，用乙酸铵水溶液提取后，没食子酸丙酯（PG）与酒石酸亚铁发生反应，生成的有色化合物在波长 540nm 处有最大吸收。可测定吸光度，与标准比较后进行定量。测定试样相当于 2g 时，最低检出浓度为 25mg/kg。

（三）材料和试剂

1. 材料

饼干、方便面等。

2. 试剂

（1）石油醚 沸程 30~60℃。

（2）乙酸铵溶液 100g/L 及 16.7g/L。

（3）显色剂 称取 0.100g 硫酸亚铁（$FeSO_4 \cdot 7H_2O$）和 0.500g 酒石酸钾钠（$NaKC_4H_4O_6 \cdot 4H_2O$），加水溶解，稀释至 100mL，临用前配制。

（4）没食子酸丙酯（PG）标准溶液 准确称取 0.0100g PG 溶于水中，移入 200mL 容量瓶中，并用水稀释至刻度。此溶液每毫升含 50.0μg PG。

（四）仪器和设备

分光光度计等。

（五）测定步骤

1. 试样处理

称取 10.00g 试样，用 100mL 石油醚溶解，移入 250mL 分液漏斗中，加 20mL 乙酸铵溶液（16.7g/L），振摇 2min，静置分层，将水层放入 125mL 分液漏斗中（如乳化，连同乳化层一起放下），石油醚层再用 20mL 乙酸铵溶液（16.7g/L）重复提取两次，合并水层。石油醚层用水振摇洗涤两次，每次 15mL，水洗涤并入同一 125mL 分液漏斗中，振摇静置。将水层通过干燥滤纸滤入 100mL 容量瓶中，用少量水洗涤滤纸，加 2.5mL 乙酸铵溶液（100g/L），加水至刻度，摇匀。将此溶液用滤纸过滤，弃去初滤液 20mL，收集滤液供比色测定用。

2. 测定

吸取20.0mL上述处理后的试样提取液于25mL具塞比色管中，加入1mL显色剂，加4mL水，摇匀。

另准确吸取0、1.0、2.0、4.0、6.0、8.0、10.0mL PG标准溶液（相当于0、50、100、200、300、400、500μg PG），分别置于25mL带塞比色管中，加入2.5mL乙酸铵溶液（100g/L），准确加水至24mL，加入1mL显色剂，摇匀。

用1cm比色杯，以零管调节零点，在波长540nm处测定吸光度，绘制标准曲线比较。

（六）结果计算

样品中没食子酸丙酯含量的计算公式：

$$X = \frac{m_1}{m \times \frac{V_2}{V_1} \times 1000} \tag{5-7}$$

式中　X——试样中PG的含量，g/kg；

m_1——测定用样液中PG的质量，μg；

m——试样的质量，g；

V_1——提取后样液总体积，mL；

V_2——测定用吸取样液的体积，mL。

第四节　发色剂的测定

一、盐酸萘乙二胺分光光度法测定亚硝酸盐和硝酸盐含量

（一）实验目的

（1）了解亚硝酸盐和硝酸盐的测定方法。

（2）掌握盐酸萘乙二胺分光光度法的操作技术。

（二）实验原理

样品经沉淀蛋白质、除去脂肪后，在弱酸性条件下，亚硝酸盐与对氨基苯磺酸重氮化，再与盐酸萘乙二胺偶合生成紫红色化合物，吸光度与亚硝酸盐含量成正比，其最大吸收波长为538nm，可测定吸光度并与标准样品比较定量。采用镉柱将硝酸盐还原为亚硝酸盐，测定亚硝酸盐总量，减去亚硝酸盐含量，得到硝酸盐含量。

（三）材料和试剂

1. 材料

腊肠、腊肉等。

2. 试剂

（1）饱和硼砂溶液　5g硼酸钠溶解于100mL热水中，冷却后备用。

（2）乙酸锌溶液（220g/L）、亚铁氰化钾溶液（106g/L）。

（3）4g/L对氨基苯磺酸溶液　0.4g对氨基苯磺酸溶解于100mL体积分数为20%盐酸中，避光保存。

（4）2g/L 盐酸萘乙二胺溶液　溶解 0.2g 盐酸萘乙二胺于 100mL 水中，避光保存。

（5）氨缓冲溶液（pH 9.6~9.7）　量取 30mL 浓盐酸，加 100mL 水，混匀后加 65mL 25% 氨水，再加水稀释至 1000mL，混匀。调节 pH 至 9.6~9.7。

（6）亚硝酸钠标准溶液　亚硝酸钠在硅胶干燥器中干燥 24h 后，精确称取 0.1000g，加水溶解，移入 500mL 容量瓶中并定容，临用前吸取 5.00mL 于 200mL 容量瓶中，加水定容，此溶液亚硝酸钠浓度为 5μg/mL。

（四）仪器和设备

分光光度计、小型绞肉机等。

（五）测定步骤

1. 提取和净化

称取 5g 经绞碎混匀的样品于 50mL 烧杯中，加硼砂饱和溶液 12.5mL，搅拌均匀，以 70℃ 左右的热水约 300mL 将样品全部洗入 500mL 烧杯中，置于沸水浴中加热 15min。取出冷却至室温，一边转动，一边加入 5mL 亚铁氰化钾溶液，摇匀，再加入 5mL 乙酸锌溶液以沉淀蛋白质，转移至 500mL 容量瓶，加水定容，静置 30min。除去上层脂肪，用滤纸过滤，弃初滤液，滤液备用。

2. 亚硝酸盐的测定

吸取 40mL 滤液于 50mL 具塞比色管中，另吸取 0、0.20、0.40、0.60、0.80、1.00、1.50、2.00、2.50mL 亚硝酸钠标准溶液（相当于 0、1.00、2.00、3.00、4.00、5.00、7.50、10.00、12.50μg 亚硝酸钠），分别置于 50mL 具塞比色管中。在标准管与试样管中分别加入 4g/L 对氨基苯磺酸溶液 2.00mL，混匀，静置 3~5min 后各加入 2g/L 盐酸萘乙二胺溶液 1.00mL，加水至刻度，混匀，静置 15min，用 2cm 比色杯，以零管调节零点，于波长 538nm 处测吸光度，同时做试剂空白。

以亚硝酸钠量（μg）为横坐标，与其对应的吸光度为纵坐标绘制标准曲线。测定样品提取液的吸光度，在以上亚硝酸钠标准曲线上查出亚硝酸钠的量。

3. 硝酸盐的测定

（1）镉柱还原　吸取 20mL 滤液于 50mL 烧杯中，加 5mL 氨缓冲溶液，混合后注入贮液漏斗，使流经镉柱还原，以原烧杯收集流出液，当贮液漏斗中的样液流尽后，再加 5mL 水置换柱内留存的样液。

将全部收集液如前再经镉柱还原一次，第二次流出液收集于 100mL 容量瓶中，继以水流经镉柱洗涤三次，每次 20mL，洗液一并收集于同一容量瓶中，加水至刻度，混匀。

（2）亚硝酸钠总量的测定　吸取 10~20mL 还原后的样液于 50mL 比色管中。以下按测定步骤 2 中自“吸取 0、0.20、0.40、0.60、0.80、1.00、1.50、2.00、2.50mL……”起同法操作。

（六）结果计算

1. 样品中亚硝酸盐（以亚硝酸钠计）的含量计算公式

$$\omega = \frac{m_1 \times V_1}{m \times V_2} \tag{5-8}$$

式中　ω——试样中亚硝酸钠的含量，mg/kg；

m——试样的质量，g；

m_1——测定用样液中亚硝酸盐的质量，μg；

V_1——试样处理液总体积，mL；

V_2——测定用样液体积，mL。

2. 样品中硝酸盐（以硝酸钠计）含量的计算公式

$$\omega_1 = \left(\frac{m_2 \times V_1 \times V_4}{m \times V_3 \times V_5 \omega}\right) \times 1.232 \tag{5-9}$$

式中　ω_1——试样中硝酸钠的含量，mg/kg；

m——试样的质量，g；

m_2——经镉柱还原后测得的总亚硝酸钠的质量，μg；

V_1——试样处理液总体积，mL；

V_3——总亚硝酸钠的测定用样液体积，mL；

V_4——经镉柱还原后试样总体积，mL；

V_5——经镉柱还原后样液的测定用体积，mL；

ω——试样中亚硝酸钠的含量，mg/kg；

1.232——亚硝酸钠换算成硝酸钠的系数。

（七）说明及注意事项

当亚硝酸盐含量高时，过量的亚硝酸盐可以将偶氮化合物氧化成黄色，而使红色消失。此时可以先加入试剂，然后滴加样液，从而避免亚硝酸盐过量。

二、离子色谱法测定亚硝酸盐和硝酸盐含量

（一）实验目的

（1）了解亚硝酸盐和硝酸盐含量的测定方法。

（2）掌握离子色谱法的操作技术。

（二）实验原理

试样经沉淀蛋白质、除去脂肪后，采用相应的方法提取和净化，以氢氧化钾溶液为淋洗液，阴离子交换柱分离，电导检测器检测。以保留时间定性，外标法定量。

（三）材料和试剂

1. 材料

腊肠、腊肉等。

2. 试剂

（1）乙酸、氢氧化钾。

（2）乙酸溶液（3%）。

（3）亚硝酸根离子（NO_2^-）标准溶液（100mg/L，水基体）。

（4）硝酸根离子（NO_3^-）标准溶液（1000mg/L，水基体）。

（5）亚硝酸盐（以 NO_2^-计，下同）和硝酸盐（以 NO_3^-计，下同）混合标准使用溶液　准确移取亚硝酸根离子（NO_2^-）和硝酸根离子（NO_3^-）的标准溶液各 1.0mL 于 100mL 容量瓶中，用水稀释至刻度，此溶液每升含亚硝酸根离子 1.0mg 和硝酸根离子 10.0mg。

（四）仪器和设备

（1）离子色谱仪　包括电导检测器，配有抑制器、高容量阴离子交换柱、50μL 定量环。

（2）食物粉碎机、超声波清洗器、天平、注射器（1.0mL 和 2.5mL）、水性滤膜针头滤器（0.22μm）。

（3）离心机　转速≥10000r/min，配 5mL 或 10mL 离心管。

（4）净化柱　包括 C_{18} 柱、Ag 柱和 Na 柱或等效柱。

注：所有玻璃器皿使用前均需依次用 2mol/L 氢氧化钾和水分别浸泡 4h，然后用水冲洗 3~5 次，晾干备用。

（五）测定步骤

1. 试样预处理

（1）新鲜蔬菜、水果　将试样用去离子水洗净，晾干后，取可食部分切碎混匀。将切碎的样品用四分法取适量，用食物粉碎机制成匀浆备用。如需加水应记录加水量。

（2）肉类、蛋、水产及其制品　用四分法取适量或取全部，用食物粉碎机制成匀浆备用。

（3）乳粉、豆奶粉、婴儿配方粉等固态乳制品（不包括干酪）　将试样装入能够容纳 2 倍试样体积的带盖容器中，通过反复摇晃和颠倒容器使样品充分混匀直到使试样均一化。

（4）发酵乳、乳、炼乳及其他液体乳制品　通过搅拌或反复摇晃和颠倒容器使试样充分混匀。

（5）干酪　取适量的样品研磨成均匀的泥浆状。为避免水分损失，研磨过程中应避免产生过多的热量。

2. 提取

（1）水果、蔬菜、鱼类、肉类、蛋类及其制品等　称取试样匀浆 5g（精确至 0.01g，可适当调整试样的取样量，以下相同），以 80mL 水洗入 100mL 容量瓶中，超声提取 30min，每隔 5min 振摇一次，保持固相完全分散。于 75℃ 水浴中放置 5min，取出放置至室温，加水稀释至刻度。溶液经滤纸过滤后，取部分溶液于 10000r/min 离心 15min，上清液备用。

（2）腌鱼类、腌肉类及其他腌制品　称取试样匀浆 2g（精确至 0.01g），以 80mL 水洗入 100mL 容量瓶中，超声提取 30min，每 5min 振摇一次，保持固相完全分散。于 75℃ 水浴中放置 5min，取出放置至室温，加水稀释至刻度。溶液经滤纸过滤后，取部分溶液于 10000r/min 离心 15min，上清液备用。

（3）乳　称取试样 10g（精确至 0.01g），置于 100mL 容量瓶中，加水 80mL，摇匀，超声 30min，加入 3%乙酸溶液 2mL，于 4℃ 放置 20min，取出放置至室温，加水稀释至刻度。溶液经滤纸过滤，取上清液备用。

（4）乳粉　称取试样 2.5g（精确至 0.01g），置于 100mL 容量瓶中，加水 80mL，摇匀，超声 30min，加入 3%乙酸溶液 2mL，于 4℃ 放置 20min，取出放置至室温，加水稀释至刻度。溶液经滤纸过滤，取上清液备用。

（5）取上述备用的上清液约 15mL，通过 0.22μm 水性滤膜针头滤器、C_{18} 柱，弃去前面 3mL（如果氯离子>100mg/L，则需要依次通过针头滤器、C_{18} 柱、Ag 柱和 Na 柱，弃去前面 7mL），收集后面洗脱液待测。

固相萃取柱使用前需进行活化，如使用 OnGuard Ⅱ RP 柱（1.0mL）、OnGuard Ⅱ Ag 柱（1.0mL）和 OnGuard Ⅱ Na 柱（1.0mL），其活化过程为：OnGuard Ⅱ RP 柱（1.0mL）使用前依次用 10mL 甲醇、15mL 水通过，静置活化 30min；OnGuard Ⅱ Ag 柱（1.0 mL）和 OnGuard Ⅱ Na 柱（1.0mL）用 10mL 水通过，静置活化 30min。

3. 参考色谱条件

（1）色谱柱　氢氧化物选择性，可兼容梯度洗脱的高容量阴离子交换柱，如 Dionex IonPac AS11-HC 4mm×250mm（带 IonPac AG11-HC 型保护柱 4mm×50mm），或性能相当的离子色谱柱。

（2）淋洗液

①一般试样：氢氧化钾溶液，浓度为 6~70mmol/L；洗脱梯度为 6mmol/L 30min，70mmol/L 5min，6mmol/L 5min；流速为 1.0mL/min。

②粉状婴幼儿配方食品：氢氧化钾溶液，浓度为 5~50mmol/L；洗脱梯度为 5mmol/L 33min，50mmol/L 5min，5mmol/L 5min；流速 1.3mL/min。

③抑制器：连续自动再生膜阴离子抑制器或等效抑制装置。

④检测器：电导检测器，检测池温度为 35℃。

⑤进样体积：50μL（可根据试样中被测离子含量进行调整）。

4. 测定

（1）标准曲线　移取亚硝酸盐和硝酸盐混合标准使用溶液，加水稀释，制成系列标准溶液，含亚硝酸根离子浓度为 0、0.02、0.04、0.06、0.08、0.10、0.15、0.20mg/L；硝酸根离子浓度为 0、0.2、0.4、0.6、0.8、1.0、1.5、2.0 mg/L 的混合标准溶液，从低到高浓度依次进样，得到上述各浓度标准溶液的色谱图。以亚硝酸根离子或硝酸根离子的浓度（mg/L）为横坐标，以峰高（μS）或峰面积为纵坐标，绘制标准曲线或计算线性回归方程。

（2）样品测定　分别吸取空白和试样溶液 50μL，在相同工作条件下，依次注入离子色谱仪中，记录色谱图。根据保留时间定性，分别测量空白和样品的峰高（μS）或峰面积。

（六）结果计算

试样中亚硝酸盐（以 NO_2^- 计）或硝酸盐（以 NO_3^- 计）含量按式（5-10）计算：

$$X=\frac{(c-c_0)\times V\times f}{m} \tag{5-10}$$

式中　X——试样中亚硝酸根离子或硝酸根离子的含量，mg/kg；

c——测定用试样溶液中的亚硝酸根离子或硝酸根离子的浓度，mg/L；

c_0——试剂空白液中亚硝酸根离子或硝酸根离子的浓度，mg/L；

V——试样溶液体积，mL；

f——试样溶液稀释倍数；

m——试样取样量，g。

注：试样中测得的亚硝酸根离子含量乘以换算系数 1.5，即得亚硝酸盐（按亚硝酸钠计）含量；试样中测得的硝酸根离子含量乘以换算系数 1.37，即得硝酸盐（按硝酸钠计）含量。

以重复性条件下获得的两次独立测定结果的算术平均值表示。

第五节　漂白剂的测定

一、蒸馏滴定法测定二氧化硫及亚硫酸盐含量

（一）实验目的

（1）了解漂白剂的测定方法。

（2）掌握蒸馏滴定法的操作技术。

（二）实验原理

在密闭容器中对试样进行酸化并加热蒸馏，以释放出其中的二氧化硫，释放物用乙酸铅溶液吸收。吸收后用浓酸酸化，再以碘标准溶液滴定，根据所消耗的碘标准溶液量计算出试样中的二氧化硫含量。本法适用于色酒及葡萄糖糖浆、果脯。

（三）材料和试剂

1. 材料

白砂糖、饼干、粉丝等。

2. 试剂

（1）盐酸（1∶1）、淀粉指示液（10g/L）。

（2）乙酸铅溶液（20g/L）　称取2g乙酸铅，溶于少量水中并稀释至100mL。

（3）碘标准溶液［c（1/2 I_2）= 0.010mol/L］　将碘标准溶液（0.10mol/L）用水稀释10倍。

（四）仪器和设备

全玻璃蒸馏器、碘量瓶、酸式滴定管等。

（五）测定步骤

1. 试样处理

固体试样用刀切或剪刀剪成碎末后混匀，称取约5.00g均匀试样（试样量可视含量高低而定）。液体试样可直接吸取5.0~10.0mL试样，置于500mL圆底蒸馏烧瓶中。

2. 测定

（1）蒸馏　将称好的试样置入圆底蒸馏烧瓶中，加入250mL水，装上冷凝装置，冷凝管下端应插入碘量瓶中的25mL乙酸铅（20g/L）吸收液中，然后在蒸馏瓶中加入10mL盐酸（1∶1），立即塞好瓶塞，加热蒸馏。当蒸馏液约200mL时，使冷凝管下端离开液面，再蒸馏1min。用少量蒸馏水冲洗插入乙酸铅溶液的装置部分。在检测试样的同时要做空白试验。

（2）滴定　向取下的碘量瓶中依次加入10mL浓盐酸、1mL淀粉指示液（10g/L）。摇匀之后用碘标准溶液（0.010mol/L）滴定至变蓝且在30s内不褪色为止。

（六）结果计算

试样中的二氧化硫总含量按式（5-11）进行计算：

$$X = \frac{(A - B) \times 0.01 \times 0.032 \times 1000}{m} \tag{5-11}$$

式中　X——试样中的二氧化硫总含量，g/kg；

A——滴定试样所用碘标准溶液（0.01mol/L）的体积，mL；

B——滴定试剂空白所用碘标准溶液（0.01mol/L）的体积，mL；

m——试样质量，g；

0.032——1mL碘标准溶液［c（1/2 I_2）= 1.0mol/L］相当的二氧化硫的质量，g。

二、盐酸副玫瑰苯胺比色法测定二氧化硫及亚硫酸盐含量

（一）实验目的

（1）了解漂白剂的测定方法。

（2）掌握盐酸副玫瑰苯胺比色法测定二氧化硫及亚硫酸盐含量的操作原理和技术。

（二）实验原理

亚硫酸盐与四氯汞钠反应生成稳定的络合物，再与甲醛及盐酸副玫瑰苯胺作用生成紫红色络合物，与标准系列比较定量。

（三）材料和试剂

1. 材料

白砂糖、饼干、粉丝等。

2. 试剂

（1）四氯汞钠吸收液 称取 13.6g 氯化高汞及 6.0g 氯化钠，溶于水中并稀释至 1000mL，放置过夜，过滤后备用。

（2）氨基磺酸铵溶液（12g/L）。

（3）甲醛溶液（2g/L） 吸取 0.55mL 无聚合沉淀的甲醛（36%），加水稀释至 100mL，混匀。

（4）亚铁氰化钾溶液 称取 10.6g 亚铁氰化钾［$K_4Fe(CN)_6 \cdot 3H_2O$］，加水溶解并稀释至 100mL。

（5）乙酸锌溶液 称取 22g 乙酸锌［$Zn(CH_3COO)_2 \cdot 2H_2O$］溶于少量水中，加入 3mL 冰乙酸，加水稀释至 100mL。

（6）盐酸副玫瑰苯胺溶液 称取 0.1g 盐酸副玫瑰苯胺（$C_{19}H_{17}N_3 \cdot HCl$）于研钵中，加少量水研磨，溶解后稀释至 100mL。取出 20mL，置于 100mL 容量瓶中，加盐酸（1∶1），充分摇匀后使溶液由红变黄，如不变黄再滴加少量盐酸至出现黄色，再加水稀释至刻度，混匀备用（如无盐酸副玫瑰苯胺可用盐酸品红代替）。

盐酸副玫瑰苯胺的精制方法：称取 20g 盐酸副玫瑰苯胺于 400mL 水中，用 50mL 盐酸（1∶5）酸化，徐徐搅拌，加 4~5g 活性炭，加热煮沸 2min。将混合物倒入大漏斗中，过滤（用保温漏斗趁热过滤）。滤液放置过夜，出现结晶，然后再用布氏漏斗抽滤，将结晶再悬浮于 1000mL 乙醚-乙醇（10∶1）的混合液中，振摇 3~5min，以布氏漏斗抽滤，再用乙醚反复洗涤至醚层没有颜色为止，于硫酸干燥器中干燥，研细后储于棕色瓶中保存。

（7）碘溶液［$c(1/2\ I_2) = 0.100mol/L$］。

（8）硫代硫酸钠标准溶液［$c(Na_2S_2O_3 \cdot 5H_2O) = 0.100mol/L$］。

（9）二氧化硫标准溶液 称取 0.5g 亚硫酸氢钠，溶于 200mL 四氯汞钠吸收液中，放置过夜，上清液用定量滤纸过滤备用。

吸取 10.0mL 亚硫酸氢钠-四氯汞钠溶液于 250mL 碘量瓶中，加 100mL 水，准确加入 20mL 碘溶液（0.1mol/L）、5mL 冰乙酸，摇匀，放置于暗处，2min 后迅速以硫代硫酸钠（0.100mol/L）标准溶液滴定至淡黄色，加 0.5mL 淀粉指示液，继续滴至无色。另取 100mL 水，准确加入碘溶液 20.0mL（0.1mol/L）、5mL 冰乙酸，按同一方法做试剂空白试验。

二氧化硫标准溶液的浓度按式（5-12）进行计算：

$$X = \frac{(V_2 - V_1) \times c \times 32.03}{10} \tag{5-12}$$

式中 X——二氧化硫标准溶液浓度，mg/mL；

V_1——测定用亚硫酸氢钠-四氯汞钠溶液消耗硫代硫酸钠标准溶液体积，mL；

V_2——试剂空白消耗硫代硫酸钠标准溶液体积，mL；

c——硫代硫酸钠标准溶液的摩尔浓度，mol/L；

32.03——每毫升硫代硫酸钠［c（$Na_2S_2O_3 \cdot 5H_2O$）＝1.000mol/L］标准溶液相当于二氧化硫的质量，mg。

（10）二氧化硫使用液　临用前将二氧化硫标准溶液以四氯汞钠吸收液稀释成每毫升相当于2μg二氧化硫。

（11）氢氧化钠溶液（20g/L）、硫酸（1∶17）、淀粉指示液（10g/L）。

（四）仪器和设备

分光光度计等。

（五）测定步骤

1. 试样处理

（1）水溶性固体试样如白砂糖等可称取约10.00g均匀试样（试样量可视含量高低而定），以少量水溶解，置于100mL容量瓶中，加入4mL氢氧化钠溶液（20g/L），5min后加入4mL硫酸（1∶17），然后加入20mL四氯汞钠吸收液，以水稀释至刻度。

（2）其他固体试样如饼干、粉丝等可称取5.0~10.0g研磨均匀的试样，以少量水湿润并移入100mL容量瓶中，然后加入20mL四氯汞钠吸收液，浸泡4h以上，若上层溶液不澄清可加入亚铁氰化钾及乙酸锌溶液各2.5mL，最后用水稀释至100mL刻度，过滤后备用。

（3）液体试样如葡萄酒等可直接吸取5.0~10.0mL试样，置于100mL容量瓶中，以少量水稀释，加20mL四氯汞钠吸收液，摇匀，最后加水至刻度，混匀，必要时过滤备用。

2. 测定

吸取0.50~5.0mL上述试样处理液于25mL带塞比色管中。

吸取0、0.20、0.40、0.60、0.80、1.00、1.50、2.00mL二氧化硫标准使用液（相当于0、0.4、0.8、1.2、1.6、2.0、3.0、4.0g二氧化硫），分别置于25mL带塞比色管中。

于试样及标准管中各加入四氯汞钠吸收液至10mL，然后再加入1mL氨基磺酸铵溶液（12g/L）、1mL甲醛溶液（2g/L）及1mL盐酸副玫瑰苯胺溶液，摇匀，放置20min。用1cm比色杯，以零管调节零点，于波长550nm处测吸光度，绘制标准曲线比较。

（六）结果计算

试样中二氧化硫的含量按式（5-13）进行计算：

$$X = \frac{m_1}{m \times \frac{V}{100} \times 1000} \tag{5-13}$$

式中　X——试样中二氧化硫的含量，g/kg；

m_1——测定用样液中二氧化硫的质量，μg；

m——试样质量，g；

V——测定用样液的体积，mL。

（七）说明及注意事项

精密度：在重复性条件下获得的两次独立测定结果的绝对差值不得超过10%。

第六节　合成色素的测定

一、高效液相色谱法测定食用合成色素含量

（一）实验目的

（1）了解食用合成色素的测定方法。

（2）掌握高效液相色谱法的操作技术。

（二）实验原理

食用合成色素用聚酰胺吸附法或液-液分配法提取，制成水溶液，注入高效液相色谱仪，经反相色谱分离，根据保留时间定性与峰面积比较进行定量。

（三）材料和试剂

1. 材料

汽水、配制酒、蜜饯等。

2. 试剂

（1）正己烷、盐酸、乙酸。

（2）甲醇　经 0.5μm 滤膜过滤。

（3）聚酰胺粉（尼龙 6）　过 200 目筛。

（4）乙酸铵溶液（0.02mol/L）　称取 1.54g 乙酸铵，加水至 1000mL 溶解，经 0.45μm 滤膜过滤。

（5）氨水　量取氨水 2mL，加水至 100mL，混匀。

（6）氨水-乙酸铵溶液（0.02mol/L）　量取氨水 0.5mL，加乙酸铵溶液（0.02mol/L）至 1000mL，混匀。

（7）甲醇-甲酸溶液（6∶4）、无水乙醇-氨水-水溶液（7∶2∶1）。

（8）柠檬酸溶液　称取 20g 柠檬酸（$C_6H_8O_7 \cdot H_2O$），加水至 100mL，溶解混匀。

（9）三正辛胺正丁醇溶液（5%）　量取三正辛胺 5mL，加正丁醇至 100mL，混匀。

（10）饱和硫酸钠溶液。

（11）pH 6 的水　水加柠檬酸溶液调 pH 至 6。

（12）合成色素标准溶液　准确称取按其纯度折算为 100%质量的柠檬黄、日落黄、苋菜红、胭脂红、新红、赤藓红、亮蓝、靛蓝各 0.100g，置 100mL 容量瓶中，加 pH 6 的水到刻度，配成水溶液（1.00mg/mL）。

（13）合成色素标准使用液　临用时将上述标准溶液加水稀释 20 倍，经 0.45μm 滤膜过滤，配成每毫升相当于 50.0μg 的合成色素。

（四）仪器和设备

高效液相色谱仪（带紫外检测器）等。

（五）测定步骤

1. 试样处理

（1）橘子汁、果味水、果子露汽水等　称取 20.0～40.0g，放入 100mL 烧杯中，含二氧化

碳的试样加热驱除二氧化碳。

（2）配制酒类　称取 20.0~40.0g，放 100mL 烧杯中，加小碎瓷片数片，加热驱除乙醇。

（3）硬糖、蜜饯类、淀粉软糖等　称取 5.00~10.00g 粉碎试样，放入 100mL 烧杯中，加水 30mL，温热溶解，若试样溶液 pH 较高，用柠檬酸溶液调 pH 到 6 左右。

（4）巧克力豆及着色糖衣制品　称取 5.00~10.00g，放入 100mL 烧杯中，用水反复洗涤色素，到试样无色素为止，合并色素漂洗液为试样溶液。

2. 色素提取

（1）聚酰胺吸附法　试样溶液加柠檬酸溶液调 pH 到 6，加热至 60℃，将 1g 聚酰胺粉加少许水调成粥状，倒入试样溶液中，搅拌片刻，以 G3 垂熔漏斗抽滤，用 60℃ pH 4 的水洗涤 3~5 次，然后用甲醇-甲酸混合溶液洗涤 3~5 次［含赤藓红的试样用（2）法处理］，再用水洗至中性，用乙醇-氨水-水混合溶液解吸 3~5 次，每次 5mL，收集解吸液，加乙酸中和，蒸发至近干，加水溶解，定容至 5mL。经 0.45μm 滤膜过滤，取 10μL 进高效液相色谱仪。

（2）液-液分配法（适用于含赤藓红的试样）　将制备好的试样溶液放入分液漏斗中，加 2mL 盐酸、三正辛胺正丁醇溶液（5%）10~20mL，振摇提取，分取有机相，重复提取，直至有机相无色，合并有机相，用饱和硫酸钠溶液洗 2 次，每次 10mL，分取有机相，放蒸发皿中，水浴加热浓缩至 10mL，转移至分液漏斗中，加 60mL 正己烷，混匀，加氨水提取 2~3 次，每次 5mL，合并氨水溶液层（含水溶性酸性色素），用正己烷洗 2 次，氨水层加乙酸调成中性，水浴加热蒸发至近干，加水定容至 5mL。经 0.45μm 滤膜过滤，取 10μL 进高效液相色谱仪。

3. 高效液相色谱参考条件

（1）色谱柱　YWG-C_{18} 10μm，不锈钢柱 4.6mm×250mm。

（2）流动相　甲醇-乙酸铵溶液（0.02mol/L，pH 4）。

（3）梯度洗脱　甲醇：20%~35%，5min；35%~98%，5min；98%继续 6min。

（4）流速　1mL/min。

（5）紫外分光检测器　254nm 波长。

4. 测定

取相同体积样液和合成色素标准使用液分别注入高效液相色谱仪，根据保留时间定性，外标峰面积法定量。

（六）结果计算

试样中合成色素的含量按式（5-14）进行计算：

$$X = \frac{m_1}{m \times \frac{V_2}{V_1} \times 1000} \tag{5-14}$$

式中　X——试样中合成色素的含量，g/kg；

m_1——样液中合成色素的质量，μg；

V_2——进样体积，mL；

V_1——试样稀释总体积，mL；

m——试样质量，g。

二、层析-分光光度法测定食用合成色素含量

（一）实验目的

（1）了解食用合成色素含量的测定方法。

（2）掌握层析-分光光度法的测定原理及操作技术。

（二）实验原理

水溶性酸性合成色素在酸性条件下被聚酰胺吸附，而在碱性条件下解吸附，再用纸色谱法或薄层色谱法进行分离后，与标准比较定性、定量。

最低检出量为50μg。点样量为1μL时，检出浓度约为50mg/kg。

（三）材料和试剂

1. 材料

汽水、配制酒、蜜饯等。

2. 试剂

（1）石油醚　沸程60~90℃。

（2）甲醇、硅胶G、硫酸溶液（1∶10）、甲醇-甲酸溶液（6∶4）、乙醇（50%）、盐酸（1∶10）。

（3）氢氧化钠溶液（50g/L）、柠檬酸溶液（200g/L）、钨酸钠溶液（100g/L）。

（4）聚酰胺粉（尼龙6）　200目。

（5）海沙和碎瓷片　海沙先用盐酸（1∶10）煮沸15min，用水洗至中性，再用氢氧化钠溶液（50g/L）煮沸15min，用水洗至中性，再于105℃干燥，储于具玻璃塞的瓶中，备用；碎瓷片的处理方法同上。

（6）乙醇-氨溶液　取1mL氨水，加乙醇（70%）至100mL。

（7）pH 6的水　用柠檬酸溶液（200g/L）调节pH至6。

（8）展开剂

①正丁醇-无水乙醇-氨水（1%）（6∶2∶3）：供纸色谱用；

②正丁醇-吡啶-氨水（1%）（6∶3∶4）：供纸色谱用；

③甲乙酮-丙酮-水（7∶3∶3）：供纸色谱用；

④甲醇-乙二胺-氨水（10∶3∶2）：供薄层色谱用；

⑤甲醇-氨水-乙醇（5∶1∶10）：供薄层色谱用；

⑥柠檬酸钠溶液（25g/L）-氨水-乙醇（8∶1∶2）：供薄层色谱用。

（9）合成色素标准溶液　准确称取按其纯度折算为100%质量的柠檬黄、日落黄、苋菜红、胭脂红、新红、赤藓红、亮蓝、靛蓝各0.100g，置100mL容量瓶中，加pH 6的水到刻度，配成水溶液（1.00mg/mL）。

（10）合成色素标准使用液　临用时吸取合成色素标准溶液各5.0mL，分别置于50mL容量瓶中，加pH 6的水稀释至刻度。此溶液每毫升相当于0.10mg合成色素。

（四）仪器和设备

可见分光光度计、微量注射器或血色素吸管、展开槽（25cm×6cm×4cm）、层析缸、滤纸（中速滤纸，纸色谱用）、薄层板（5cm×20cm）、电吹风机、水泵等。

（五）测定步骤

1. 试样处理

（1）果味水、果子露、汽水　称取 50.0g 试样于 100mL 烧杯中。汽水需加热驱除二氧化碳。

（2）配制酒　称取 100.0g 试样于 100mL 烧杯中，加碎瓷片数块，加热驱除乙醇。

（3）硬糖、蜜饯类、淀粉软糖　称取 5.00g 或 10.0g 粉碎的试样，加 30mL 水，温热溶解，若样液 pH 较高，用柠檬酸溶液（200g/L）调至 pH 4 左右。

（4）奶糖　称取 10.0g 粉碎均匀的试样，加 30mL 乙醇－氨溶液溶解，置水浴上浓缩至约 20mL，立即用硫酸溶液（1∶10）调至微酸性，再加 1.0mL 硫酸（1∶10），加 1mL 钨酸钠溶液（100g/L），使蛋白质沉淀，过滤，用少量水洗涤，收集滤液。

（5）蛋糕类　称取 10.0g 粉碎均匀的试样，加海沙少许，混匀，用热风吹干用品（用手摸已干燥即可），加入 30mL 石油醚搅拌。放置片刻，倾出石油醚，如此重复处理三次，以除去脂肪，吹干后研细，全部倒入 G3 垂熔漏斗或普通漏斗中，用乙醇－氨溶液提取色素，直至色素全部提完，以下按（4）自"置水浴上浓缩至约 20mL……"起同法操作。

2. 吸附分离

将处理后所得的溶液加热至 70℃，加入 0.5～1.0g 聚酰胺粉充分搅拌，用柠檬酸溶液（200g/L）调 pH 至 4，使色素完全被吸附，如溶液还有颜色，可以再加一些聚酰胺粉。将吸附色素的聚酰胺全部转入 G3 垂熔漏斗中过滤（如用 G3 垂熔漏斗过滤可以用水泵慢慢地抽滤）。用 pH 4 的 70℃ 水反复洗涤，每次 20mL，边洗边搅拌，若含有天然色素，再用甲醇－甲酸溶液洗涤 1～3 次，每次 20mL，至洗液无色为止。再用 70℃ 水多次洗涤至流出的溶液为中性。洗涤过程中应充分搅拌。然后用乙醇－氨溶液分次解吸全部色素，收集全部解吸液，于水浴上驱氨。如果为单色，则用水准确稀释至 50mL，用分光光度法进行测定。如果为多种色素混合液，则进行纸色谱或薄层色谱法分离后测定，即将上述溶液置水浴上浓缩至 20mL 后移入 50mL 容量瓶中，用 50% 乙醇洗涤容器，洗液并入容量瓶中并稀释至刻度。

3. 定性

（1）纸色谱　取色谱用纸，在距底边 2cm 的起始线上分别点 3～10μL 试样溶液、1～2μL 合成色素标准使用溶液，挂于分别盛有正丁醇－无水乙醇－氨水（1%）（6∶2∶3）、正丁醇－吡啶－氨水（1%）（6∶3∶4）的展开剂的层析缸中，用上行法展开，待溶剂前沿展至 15cm 处，将滤纸取出于空气中晾干，与标准斑比较定性。

也可取 0.5mL 样液，在起始线上从左到右点成条状，纸的左边点合成色素标准使用溶液，依法展开，晾干后先定性后再供定量用。靛蓝在碱性条件下易褪色，可用甲乙酮－丙酮－水（7∶3∶3）展开剂。

（2）薄层色谱

①薄层板的制备：称取 1.6g 聚酰胺粉、0.4g 可溶性淀粉及 2g 硅胶 G，置于合适的研钵中，加 15mL 水研匀后，立即置涂布器中铺成厚度为 0.3mm 的板。在室温晾干后，于 80℃ 干燥 1h 置干燥器中备用。

②点样：在距离薄层板底边 2cm 处，将 0.5mL 样液从左到右点成与底边平行的条状，板的左边点 2μL 合成色素标准溶液。

③展开：苋菜红与胭脂红用甲醇－乙二胺－氨水（10∶3∶2）展开剂，靛蓝与亮蓝用甲醇－

氨水-乙醇（5∶1∶10）展开剂，柠檬黄与其他合成色素用柠檬酸钠溶液（25g/L）-氨水-乙醇（8∶1∶2）展开剂。取适量展开剂倒入展开槽中，将薄层板放入展开，待合成色素明显分开后取出，晾干，与标准斑比较，如 R_f 相同即为同一色素。

4. 定量

（1）试样测定　将纸色谱的条状色斑剪下，用少量热水洗涤数次，洗液移入 10mL 比色管中，并加水稀释至刻度，作比色测定用。

将薄层色谱的条状色斑包括有扩散的部分，分别用刮刀刮下，移入漏斗中，用乙醇-氨溶液解吸色素，少量反复多次至解吸液于蒸发皿中，于水浴上挥去氨，移入 10mL 比色管中，加水至刻度，作比色用。

（2）标准曲线制备　分别吸取 0、0.5、1.0、2.0、3.0、4.0mL 胭脂红、苋菜红、柠檬黄、日落黄合成色素标准使用液，或 0、0.2、0.4、0.6、0.8、1.0mL 亮蓝、靛蓝合成色素标准使用液，分别置于 10mL 比色管中，各加水稀释至刻度。

上述试样与标准管分别用 1cm 比色杯，以零管调节零点，于一定波长下（胭脂红 510nm、苋菜红 520nm、柠檬黄 430nm、日落黄 482nm、亮蓝 627nm、靛蓝 620nm）测定吸光度，分别绘制标准曲线比较或与标准系列目测比较。

（六）结果计算

试样中合成色素的含量按式（5-15）进行计算：

$$X = \frac{m_1}{m \times \frac{V_2}{V_1}} \tag{5-15}$$

式中　X——试样中合成色素的含量，g/kg；

m_1——测定用样液中合成色素的质量，mg；

m——试样质量或体积，g 或 mL；

V_1——试样吸附分离后的定容体积，mL；

V_2——样液点板（纸）体积，mL。

三、食用合成色素的快速定性检测

（一）实验目的

（1）学习食用合成色素快速定性检测的基本原理。

（2）掌握食用合成色素的快速定性检测方法。

食用合成色素的快速定性检测

（二）实验原理

食用合成色素在酸性条件下可吸附在聚酰胺粉填充的小柱上，用甲醇-甲酸（6∶4）溶液将天然色素洗脱，通过观察小柱是否呈色，可判定样品中是否含有食用合成色素。

（三）材料和试剂

1. 材料

棉花糖、月饼、山楂片等食品样品。

2. 试剂

（1）试剂盒　包含 SPE 小柱、前处理试剂［水或乙醇-氨-水（7∶2∶1）溶液］。

（2）200g/L 柠檬酸溶液、甲醇-甲酸（6∶4）溶液。

（四）仪器和设备

天平、离心机等。

（五）实验步骤

1. 样品处理

称取 2g 粉碎均匀的样品置于离心管中，加入前处理试剂 8mL，上下振摇 2min（或离心 2min），静置 5min 后，取上清液 2mL 于小烧杯中，加入 0.5mL 柠檬酸溶液，混匀后待测。

2. 色素的吸附

把待测液全部加入 SPE 小柱，慢慢推动活塞，使液体逐滴流出，弃滤液。

3. 天然色素的洗脱

轻轻拔出活塞，向 SPE 小柱中加入 1mL 甲醇-甲酸（6∶4）溶液，慢慢推动活塞，使液体逐滴流出，弃滤液。如果滤液还有颜色，再加 1mL 甲醇-甲酸（6∶4）溶液，重复操作至滤液无色。

（六）结果判定

根据 SPE 小柱是否呈色来判定样品中是否含有食用合成色素。有色判定为含有食用合成色素，无色判定为不含食用合成色素。

（七）说明及注意事项

（1）样品中的食用合成色素通常可以用水进行提取。但奶糖、蛋糕等样品需用乙醇-氨-水（7∶2∶1）溶液进行提取。

（2）如果样品中食用合成色素的浓度过高将不利于其吸附在聚酰胺粉上，必要时可用水对样品溶液进行稀释处理。

思考题

1. 采用薄层色谱法测定糖精钠，制备薄层板前如何进行预处理？展开时，展开剂的液层高度为什么不能超过原线高度？
2. 采用气相色谱法测定山梨酸和苯甲酸，在处理样品时为什么要加入盐酸进行酸化处理？
3. 测定食用合成色素的不同方法各有什么优缺点？

第六章

06

食品中有毒有害物质的测定

第一节　农药残留的测定

一、氨基甲酸酯类农药残留的测定

（一）实验目的

了解氨基甲酸酯类农药残留的测定方法。

（二）实验原理

试样经提取、净化、浓缩、定容、微孔滤膜过滤后进样，用反相高效液相色谱分离，紫外检测器检测，根据色谱峰的保留时间定性，外标法定量。

（三）材料和试剂

1. 材料

蛋类、肉类、乳品等。

2. 试剂

（1）甲醇、丙酮、乙酸乙酯、环己烷、二氯甲烷、蒸馏水，以上试剂和水使用前均需重蒸。

（2）氯化钠、无水硫酸钠。

（3）凝胶　Bio-Beads S-X，200~400 目。

（4）氨基甲酸酯类农药（NMCs）标准　涕灭威、甲萘威、呋喃丹、速灭威、异丙威，纯度均>99%。

（5）NMCs 标准溶液配制　将 5 种 NMCs 分别以甲醇配成一定浓度的标准储备液，冰箱保存。使用前取标准储备液一定量，用甲醇稀释配成混合标准应用液。5 种 NMCs 的浓度分别为涕灭威 6.0mg/L、甲萘威 5.0mg/L、呋喃丹 5.0mg/L、速灭威 10.0mg/L、异丙威 10.0mg/L。

（四）仪器和设备

（1）高效液相色谱仪（附有紫外检测器及数据处理器）、旋转蒸发仪。

（2）凝胶净化柱　长 50cm、内径 2.5cm 带活塞玻璃层析柱，柱的底部垫少量玻璃棉，把用洗脱剂［乙酸乙酯-环己烷（1∶1）］浸泡过夜的凝胶以湿法装入柱中，柱床高约 40cm，柱床始终保持在洗脱剂中。

（五）测定步骤

1. 试样制备

蛋品去壳，制成匀浆；肉品切块后，制成肉糜；乳品混匀后待用。

2. 提取与分配

（1）称取蛋类试样 20g（精确到 0.01g），于 100mL 具塞锥形瓶中，加水 5mL（根据试样的水分含量加水，使总水量约 20g。通常鲜蛋水分含量约 75%，加水 5mL 即可），加 40mL 丙酮，振摇 30min，加氯化钠 6g，充分摇匀，再加 30mL 二氯甲烷，振摇 30min。取 35mL 上清液，经无水硫酸钠滤入旋转蒸发瓶中，浓缩至约 1mL，加 2mL 乙酸乙酯-环己烷（1∶1）溶液再浓缩，如此重复 3 次，浓缩至约 1 mL。

（2）称取肉类试样 20g（精确到 0.01g），加水 6mL（根据试样的水分含量加水，使总水量约 20g。通常鲜肉水分含量约 70%，加水 6mL 即可），以下按照（1）蛋类试样的提取、分配步骤处理。

（3）称取乳类试样 20g（精确到 0.01g），鲜乳不需加水，直接加丙酮提取，以下按照（1）蛋类试样的提取、分配步骤处理。

3. 净化

将此浓缩液经凝胶柱以乙酸乙酯-环己烷（1∶1）溶液洗脱，弃去 0~35mL 馏分，收集 35~70mL 馏分。将其旋转蒸发浓缩至约 1mL，再经凝胶柱净化收集 35~70mL 馏分，旋转蒸发浓缩，用氮气吹至约 1mL，以乙酸乙酯定容至 1mL，留待 HPLC 分析。

4. 高效液相色谱测定

色谱条件如下。

①色谱柱：Alltima C_{18}，4.6mm×25cm；

②流动相：甲醇-水（60：40），流速 0.5mL/min；

③柱温：30℃；

④紫外检测波长：210nm。

5. 测定

将仪器调至最佳状态后，分别将 5μL 混合标准溶液及试样净化液注入色谱仪中，以保留时间定性，以试样峰高或峰面积与标准比较定量。

（六）结果计算

试样中各农药含量的计算公式：

$$X = \frac{m_1 \times V_2}{m \times V_1} \tag{6-1}$$

式中 X——试样中各农药的含量，mg/kg；

m_1——被测样液中各农药的含量，ng；

m——试样质量，g；

V_1——样液进样体积，μL；

V_2——试样最后定容体积，mL。

（七）说明及注意事项

精密度：在重复性条件下获得的两次独立测定结果的绝对值差不得超过算术平均值的 15%。

二、拟除虫菊酯类农药残留的测定

（一）实验目的

了解拟除虫菊酯类农药残留的测定方法。

（二）实验原理

试样中氯氰菊酯、氰戊菊酯和溴氰菊酯经提取、净化、浓缩后用电子捕获-气相色谱法测定。

氯氰菊酯、氰戊菊酯和溴氰菊酯经色谱柱分离后进入电子捕获检测器中，便可分别测出其含量。经放大器把信号放大，用记录器记录峰高或峰面积。利用被测物的峰高或峰面积与标准的峰高或峰面积比较进行定量。

（三）材料和试剂

1. 材料

谷物类、蔬菜等。

2. 试剂

（1）石油醚　30~60℃重蒸。

（2）丙酮　重蒸。

（3）无水硫酸钠　550℃灼烧4h备用。

（4）层析用中性氧化铝　550℃灼烧4h后备用，用前140℃烘烤1h，加3%水脱活。

（5）层析活性炭　550℃灼烧4h后备用。

（6）脱脂棉　经正己烷洗涤后，干燥备用。

（7）农药标准品

氯氰菊酯（Cypermethrin）：纯度≥96%；

氰戊菊酯（Fenvalerate）：纯度≥94.4%；

溴氰菊酯（Deltamethrin）：纯度≥97.5%。

（8）标准液的配制　用重蒸石油醚或丙酮分别配制氯氰菊酯2×10^{-7}g/mL、氰戊菊酯4×10^{-7}g/mL、溴氰菊酯1×10^{-7}g/mL的标准液。吸取10mL氯氰菊酯、10mL氰戊菊酯、5mL溴氰菊酯的标准液于25mL容量瓶中摇匀，即成为标准使用液，浓度为氯氰菊酯8×10^{-8}g/mL、氰戊菊酯16×10^{-8}g/mL、溴氰菊酯2×10^{-8}g/mL。

（四）仪器和设备

气相色谱仪［带电子捕获检测器（ECD）］、高速组织捣碎机、电动振荡器、高温炉、K-D浓缩器或恒温水浴箱、具塞锥形瓶、玻璃漏斗、10μL注射器等。

（五）测定步骤

1. 提取

（1）谷物类　称取10g粉碎的试样，置于100mL具塞锥形瓶中，加入石油醚20mL，振荡30min或浸泡过夜，取出上清液2~4mL待过柱用（相当于1~2g试样）。

（2）蔬菜类　称取20g经匀浆处理的试样于250mL具塞锥形瓶中，加入丙酮和石油醚各40mL摇匀，振荡30min后让其分层，取出上清液4mL，待过柱用。

2. 净化

（1）大米　用内径1.5cm、长25~30cm的玻璃层析柱，底端垫上经处理的脱脂棉。依次从下至上加入 1cm 的无水硫酸钠、3cm 的中性氧化铝、2cm 的无水硫酸钠，然后以 10mL 石油醚淋洗柱子，弃去淋洗液，待石油醚层下降至无水硫酸钠层时，迅速将试样提取液加入，待其下降至无水硫酸钠层时加入淋洗液淋洗，淋洗液用量 25~30mL 石油醚，收集滤液于尖底定容瓶中，最后用氮气流吹扫浓缩至 1mL，供气相色谱用。

（2）面粉、玉米粉　所用净化柱与（1）相同，只是在中性氧化铝层上加入 0.01g 层析活性炭粉（可视其颜色深浅适当增减层析活性炭粉的量）进行脱色净化，操作同（1）。

（3）蔬菜类　所用净化柱与（1）相同，只是在中性氧化铝层上加 0.02~0.03g 层析活性炭粉（可视其颜色深浅适当增减层析活性炭粉的量）进行脱色。淋洗液用量 30~35mL 石油醚，净化操作同（1）。

3. 测定

用具有 ECD 的气相色谱仪。

（1）色谱条件

①色谱柱：玻璃柱 3mm（内径）×1.5m 或 2m，内填充 3% OV-101/Chromosorb W（AWD-MCS）80 目~100 目；

②温度：柱温 245℃，进样口和检测器 260℃；

③载气：高纯氮气流速 140mL/min。

（2）在上述仪器条件下，分别将一定体积的混合标准使用液及试样净化液注入色谱仪中，以保留时间定性，用外标法与标准组分比较定量。

（六）结果计算

用外标法定量，试样中农药含量的计算公式：

$$c_x = \frac{h_x \times c_s \times Q_s \times V_x}{h_s \times m \times Q_x} \tag{6-2}$$

式中 c_x——试样中农药的含量，mg/kg；

h_x——试样溶液峰高，mm；

c_s——标准溶液浓度，g/mL；

Q_s——标准溶液进样量，μL；

V_x——试样的定容体积，mL；

h_s——标准溶液峰高，mm；

m——试样质量，g；

Q_x——试样溶液的进样量，μL。

（七）说明及注意事项

精密度：在重复性条件下获得的两次独立测定的结果的绝对值差不得超过算术平均值的 10%。

三、有机氯农药残留的测定

（一）实验目的

（1）了解有机氯农药残留的测定方法。

（2）掌握有机氯农药残留测定的操作技术。

（二）实验原理

试样中有机氯农药组分经有机溶剂提取、凝胶色谱层析净化，用毛细管柱气相色谱分离、电子捕获检测器检测，以保留时间定性，外标法定量。

（三）材料和试剂

1. 材料

蛋类、肉类、乳品等。

2. 试剂

（1）丙酮、环己烷、正己烷、苯氯化钠、石油醚（沸程 30~60℃）、乙酸乙酯，均为分析纯，使用前重蒸。

（2）无水硫酸钠。

（3）聚苯乙烯凝胶 200~400 目，或同类产品。

（4）农药标准品 α-六六六、β-六六六、γ-六六六、五氯硝基苯、δ-六六六、五氯苯胺、五氯苯基硫醚、艾氏剂、氧氯丹、环氧七氯、反氯丹、α-硫丹、硫丹硫酸盐、顺氯丹、狄氏剂、异狄氏剂、异狄氏剂醛、异狄氏剂酮、β-硫丹、p,p'-滴滴滴、o,p'-滴滴涕、p,p'-滴滴涕、灭蚁灵，纯度均应不低于 98%。

（5）标准溶液的配制 分别准确称取或量取上述农药标准品适量，用少量苯溶解，再用正己烷稀释成一定浓度的标准储备溶液。量取适量标准储备溶液，用正己烷稀释为系列混合标准溶液。

（四）仪器和设备

（1）气相色谱仪（配有电子捕获检测器）、旋转蒸发仪、组织匀浆器、振荡器、氮气浓缩器、全自动凝胶色谱系统［带有固定波长（254nm）紫外检测器］。

（2）凝胶净化柱 长 30cm，内径 2.3~2.5cm 的具活塞玻璃层析柱，柱的底部垫少许玻璃棉。把用洗脱剂乙酸乙酯-环己烷（1∶1）浸泡的凝胶以湿法装入柱中，柱床高约 26cm，凝胶始终保持在洗脱剂中。

（五）测定步骤

1. 试样制备

蛋品去壳，制成匀浆；肉品去筋后，切成小块，制成肉糜；乳品混匀待用。

2. 提取与分配

（1）蛋类 称取试样 20g（精确到 0.01g）于 200mL 具塞锥形瓶中，加水 5mL（根据试样的水分含量加水，使总水量约为 20g。通常鲜蛋水分含量约 75%，加水 5mL 即可），再加入 40mL 丙酮，振摇 30min 后，加入氯化钠 6g，充分摇匀，再加入 30mL 石油醚，振摇 30min。静置分层后，将有机相全部转移至 100mL 具塞锥形瓶中经无水硫酸钠干燥，并量取 35mL 于旋转蒸发瓶中，浓缩至约 1mL，加入 2mL 乙酸乙酯-环己烷（1∶1）溶液再浓缩，如此重复 3 次，浓缩至约 1mL，供凝胶色谱层析净化使用，或将浓缩液转移至全自动凝胶渗透色谱系统配套的进样试管中，用乙酸乙酯-环己烷（1∶1）溶液洗涤旋转蒸发瓶数次，将洗涤液合并至试管中，定容至 10mL。

（2）肉类 称取试样 20g（精确到 0.01g），加水 15mL（根据试样的水分含量加水，使总水量约 20g）。加 40mL 丙酮，振摇 30min，以下按照（1）蛋类试样的提取、分配步骤处理。

（3）乳类 称取试样 20g（精确 0.01g），鲜乳不需加水，直接加丙酮提取。以下按照（1）蛋类试样的提取、分配步骤处理。

（4）大豆油 称取试样 1g（精确到 0.01g），直接加入 30mL 石油醚，振摇 30min 后，将有机相全部转移至旋转蒸发瓶中，浓缩至约 1mL，加 2mL 乙酸乙酯-环己烷（1∶1）溶液再浓缩，如此重复 3 次，浓缩至约 1mL，供凝胶色谱层析净化使用，或将浓缩液转移至全自动凝胶渗透色谱系统配套的进样试管中，用乙酸乙酯-环己烷（1∶1）溶液洗涤旋转蒸发瓶数次，将洗涤液合并至试管中，定容至 10mL。

（5）植物类 称取试样匀浆 20g，加水 5mL（根据试样的水分含量加水，使总水量约 20mL），加丙酮 40mL，振荡 30min，加氯化钠 6g，摇匀。加石油醚 30mL，再振荡 30min，以下按照（1）蛋类试样的提取、分配步骤处理。

3. 净化

选择手动或全自动净化方法的任何一种进行。

（1）手动凝胶色谱柱净化 将试样浓缩液经凝胶柱以乙酸乙酯-环己烷（1∶1）溶液洗脱，弃去 0~35mL 馏分，收集 35~70mL 馏分。将其旋转蒸发浓缩至约 1mL，再经凝胶柱净化收集 35~70mL 馏分，蒸发浓缩，用氮气吹除溶剂，用正己烷定容至 1mL，留待气相色谱仪分析。

（2）全自动凝胶渗透色谱系统净化 试样由 5mL 试样环注入凝胶渗透色谱（GPC）柱，泵流速 5.0mL/min，以乙酸乙酯-环己烷（1∶1）溶液洗脱，弃去 0~7.5min 馏分，收集 7.5~15min 馏分，15~20min 冲洗 GPC 柱。将收集的馏分旋转蒸发浓缩至约 1mL，用氮气吹至近干，用正己烷定容至 1mL，留待气相色谱仪分析。

4. 测定

（1）气相色谱参考条件

①色谱柱：DM-5 石英弹性毛细管柱（长 30m、内径 0.32mm、膜厚 0.25μm）或等效柱；

②柱温：程序升温如下。

$$90℃\ (1\text{min}) \xrightarrow{40℃/\text{min}} 170℃ \xrightarrow{2.3℃/\text{min}} 230℃\ (17\text{min}) \xrightarrow{40℃/\text{min}} 280℃\ (5\text{min});$$

③进样口温度：280℃，不分流进样，进样量 1μL；

④检测器：电子捕获检测器（ECD），温度 300℃；

⑤载气流速：氮气，流速 1mL/min；尾吹气，25mL/min；

⑥柱前压：0.5MPa。

（2）色谱分析 分别吸取 1μL 混合标准液及试样净化液注入气相色谱仪中，记录色谱图，以保留时间定性，以试样和标准的峰高或峰面积比较定量。

（六）结果计算

试样中各农药的含量按式（6-3）进行计算：

$$X = \frac{m_1 \times V_1 \times f}{m \times V_2} \tag{6-3}$$

式中 X——试样中各农药的含量，mg/kg；

m_1——被测样液中各农药的含量，ng；

V_1——样液进样体积，μL；

f——稀释因子；

m——试样质量，g；

V_2——样液最后定容体积，mL。

（七）说明及注意事项

精密度：在重复性条件下获得的两次独立测定的结果的绝对差值不得超过算术平均值的20%。

四、气相色谱法测定有机磷农药残留

（一）实验目的

了解气相色谱法测定有机磷农药残留的原理和检测方法。

（二）实验原理

含有机磷的试样在富氢焰上燃烧，以 HPO 碎片的形式，放射出波长 526nm 的特性光；这种光通过滤光片选择后，由光电倍增管接收，转换成电信号，经微电流放大器放大后被记录下来。试样的峰面积或峰高与标准品的峰面积或峰高进行比较定量。

（三）材料和试剂

1. 材料

粮食、水果、蔬菜。

2. 试剂

（1）丙酮、二氯甲烷、氯化钠、无水硫酸钠。

（2）助滤剂 Celite 545。

（3）农药标准品

①敌敌畏：纯度≥99%；②速灭磷：顺式纯度≥99%，反式纯度≥40%；③久效磷：纯度≥99%；④甲拌磷：纯度≥98%；⑤巴胺磷：纯度≥99%；⑥二嗪磷：纯度≥98%；⑦乙嘧硫磷：纯度≥97%；⑧甲基嘧啶磷：纯度≥99%；⑨甲基对硫磷：纯度≥99%；⑩稻瘟净：纯度≥99%；⑪水胺硫磷：纯度≥99%；⑫氧化喹硫磷：纯度≥99%；⑬稻丰散：纯度≥99.6%；⑭甲喹硫磷：纯度≥99.6%；⑮克线磷：纯度≥99.9%；⑯乙硫磷：纯度≥95%；⑰乐果：纯度≥99.0%；⑱喹硫磷：纯度≥98.2%；⑲对硫磷：纯度≥99.0%；⑳杀螟硫磷：纯度≥98.5%。

（4）农药标准溶液的配制　分别准确称取①~⑳标准品，用二氯甲烷为溶剂，分别配制成1.0mg/mL 的标准储备液，储于冰箱（4℃）中，使用时根据各农药品种的仪器响应情况，吸取不同量的标准储备液，用二氯甲烷稀释成混合标准使用液。

（四）仪器和设备

组织捣碎机、粉碎机、旋转蒸发仪、气相色谱仪［附有火焰光度检测器（FPD）］等。

（五）测定步骤

1. 试样制备

取粮食试样经粉碎机粉碎后，过 20 目筛制成粮食试样；水果、蔬菜试样去掉不可食部分后制成待分析试样。

2. 提取

（1）水果、蔬菜　称取 50.00g 试样，置于 300mL 烧杯中，加入 50mL 水和 100mL 丙酮（提取液总体积为 150mL），用组织捣碎机提取 1~2min。匀浆机经铺有两层滤纸和约 10g Celite 545 的布氏漏斗减压抽滤。取滤液 100mL 移至 500mL 分液漏斗中。

（2）谷物　称取 25.00g 试样，置于 300mL 烧杯中，加入 50mL 水和 100mL 丙酮，以下步骤同（1）。

3. 净化

向（1）或（2）的滤液中加入 10~15g 氯化钠使溶液处于饱和状态。猛烈振摇 2~3min，静置 10min，使丙酮和水相分层，分出的水相中加入 50mL 二氯甲烷，振摇 2min，再静置分层。

将丙酮和二氯甲烷提取液合并后，经装有 20~30g 无水硫酸钠的玻璃漏斗脱水滤入 250mL 圆底烧瓶中，再以约 40mL 二氯甲烷分数次洗涤容器和无水硫酸钠。洗涤液也并入烧瓶中，用旋转蒸发器浓缩至 2mL，浓缩液定量转移至 5~25mL 容量瓶中，加二氯甲烷定容至刻度。

4. 色谱参考条件

（1）色谱柱　①玻璃柱 2.6m×3mm，填装涂有 4.5% DC-200+2.5% OV-17 的 Chromosorb WAW DMCS（80~100 目）的担体；②玻璃柱 2.6m×3mm，填装涂有质量分数为 1.5%的 QF-1 的 Chromosorb WAW DMCS（60~80 目）。

（2）气体流速　氮气 50mL/min、氢气 100mL/min、空气 50mL/min。

（3）温度　柱温箱 240℃、汽化室 260℃、检测器 270℃。

5. 测定

吸取 2~5μL 混合标准液及试样净化液注入色谱仪中，以保留时间定性。以试样的峰高或峰面积与标准比较定量。

（六）结果计算

i 组分有机磷农药的含量按式（6-4）进行计算：

$$X_i = \frac{A_i \times V_1 \times V_3 \times E_m}{A_n \times V_2 \times V_4 \times m} \tag{6-4}$$

式中　X_i——i 组分有机磷农药的含量，mg/kg；

A_i——试样中 i 组分的峰面积，积分单位；

A_n——混合标准液中 i 组分的峰面积，积分单位；

V_1——试样中提取液的总体积，L；

V_2——净化用提取液的总体积，mL；

V_3——浓缩后的定容体积，mL；

V_4——进样体积，μL；

E_m——注入色谱仪中的标准 i 组分的质量，ng；

m——试样的质量，g。

五、速测卡快速测定有机磷农药残留

（一）实验目的

（1）学习有机磷农药残留快速测定的基本原理。

（2）掌握有机磷农药残留的快速测定方法。

速测卡快速测定有机磷农药残留

（二）实验原理

酶可以催化红色酯发生水解反应生成蓝色酚，而有机磷农药能够抑制该水解反应。将样品溶液滴入速测卡的加样区，样品溶液中的有机磷农药残留与红色底物片相结合。当样品溶液中的有机磷农药残留含量大于限量标准时，检测区的颜色与对照卡的蓝色相比有明显差异，结果为阳性；当残留含量小于限量标准时，检测区与对照卡的蓝色相近，结果为阴性。

（三）材料和试剂

1. 材料

蔬菜等食品样品。

2. 试剂

试剂盒（速测卡、洗脱液）。

（四）实验步骤

1. 样品处理

轻轻擦拭除去蔬菜表面的泥沙等污物。滴加 3~4 滴蒸馏水或洗脱液在蔬菜表面，用另一片蔬菜叶在液滴表面轻轻摩擦数次。

2. 样品的测定

除去速测卡上的保护膜，把蔬菜上的液滴滴加在速测卡的加样区。将卡片对折，用手捏 3min 后观察检测区的颜色变化。

同时取另一片速测卡，滴加 3~4 滴蒸馏水或洗脱液做空白对照。

（五）结果判定

通过对比样品卡与对照卡检测区的颜色来判定样品中的有机磷农药残留是否超标。当样品卡检测区的颜色与对照卡的蓝色相比有明显差异，结果判定为阳性，即有机磷农药残留含量大于限量标准；当样品卡检测区与对照卡的蓝色相近，结果判定为阴性，即有机磷农药残留含量小于限量标准。

（六）说明及注意事项

（1）处理食品样品时不能用水进行冲洗，如其表面有泥沙等污物，可轻轻擦拭干净。

（2）果蔬等食品样品在取样时应具有代表性，可在不同植株或个体上进行采样。

第二节　兽药残留的测定

一、动物源性食品中土霉素、四环素、金霉素残留测定

（一）实验目的

（1）了解畜、禽肉中土霉素、四环素、金霉素残留量的测定方法。

（2）掌握高效液相色谱法的操作技术。

（二）实验原理

试样经提取，微孔滤膜过滤后直接进样，用反相色谱分离，紫外检测器检测，与标准比较定量，出峰顺序为土霉素、四环素、金霉素。标准加入法定量。

（三）材料和试剂

1. 材料

猪肉等。

2. 试剂

（1）乙腈（分析纯）。

（2）0.01mol/L 磷酸二氢钠溶液　称取磷酸二氢钠 1.56g（精确到±0.01g），溶于蒸馏水中，定容到 100mL，经微孔滤膜（0.45μm）过滤，备用。

（3）土霉素（OTC）标准溶液　称取土霉素 0.0100g（精确到±0.0001g），用 0.1mol/L 盐酸溶液溶解并定容至 10.00mL，此溶液每毫升含土霉素 1mg。

（4）四环素（TC）标准溶液　称取四环素 0.0100g（精确到±0.0001g），用 0.01mol/L 盐酸溶液溶解并定容至 10.00mL，此溶液每毫升含四环素 1mg。

（5）金霉素（CTC）标准溶液　称取金霉素 0.0100g（精确到±0.0001g），溶于蒸馏水并定容至 10.00mL，此溶液每毫升含金霉素 1mg。

以上标准品均按 1000 单位/mg 折算。(3)~(5) 溶液应于 4℃以下保存，可使用 1 周。

（6）混合标准溶液　取 (3)(4) 标准溶液各 1.00mL，取（5）标准溶液 2.00mL，置于 10mL 容量瓶中，加蒸馏水至刻度。此溶液每毫升含土霉素、四环素各 0.1mg，金霉素 0.2mg，临用时现配。

（7）5%高氯酸溶液。

（四）仪器和设备

高效液相色谱仪（附有紫外检测器）等。

（五）测定步骤

1. 色谱条件

（1）色谱柱　ODS-C_{18}（5μm）6.2mm×15cm。

（2）检测波长　355nm。

（3）灵敏度　0.002AUFS。

（4）柱温　室温。

（5）流速　1.0mL/min。

（6）进样量　10μL。

（7）流动相　乙腈-0.01mol/L 磷酸二氢钠溶液（用 30%硝酸溶液调节 pH 2.5）(35 : 65)，用前用超声波脱气 10min。

2. 试样测定

称取 5.00g（±0.01g）切碎的肉样（<5mm），置于 50mL 锥形瓶中，加入 5%高氯酸 25.0mL，于振荡器上振荡提取 10min，移入离心管中，以 2000r/min 离心 3min，取上清液经 0.45μm 滤膜过滤，取溶液 10μL 进样，记录峰高，从工作曲线上查得含量。

3. 工作曲线

分别称取 7 份切碎的肉样，每份 5.00g（±0.01 g），分别加入混合标准溶液 0、25、50、100、150、200、250μL（含土霉素、四环素各为 0、2.5、5.0、10.0、15.0、20.0、25.0μg；含金霉素 0、5.0、10.0、20.0、30.0、40.0、50.0μg），按测定步骤 2 的方法操作，峰高为纵坐标，以抗生素含量为横坐标，绘制工作曲线。

（六）结果计算

试样中抗生素的含量按式（6-5）计算：

$$X = \frac{m_1}{m} \tag{6-5}$$

式中　X——试样中抗生素含量，mg/kg；

m_1——试样溶液测得抗生素质量，μg；

m——试样质量，g。

（七）说明及注意事项

精密度：在重复性条件下获得的两次独立测定结果的绝对差值不得超过算术平均值的10%。

二、动物源性食品中己烯雌酚残留检测

（一）实验目的

（1）了解动物性食品中己烯雌酚残留量的测定方法。

（2）掌握酶联免疫吸附测定（ELISA）法的操作技术。

（二）实验原理

采用间接竞争ELISA方法，在微孔条上包被偶联抗原，试样中残留的己烯雌酚与酶标板上的偶联抗原竞争己烯雌酚抗体，加入酶标记的羊抗鼠抗体后，显色剂显色，终止液终止反应。用酶标仪在450nm波长处测定吸光度，吸光度与己烯雌酚残留量成负相关，与标准曲线比较即可得出己烯雌酚残留量。

（三）材料和试剂

1. 材料

动物性食品。

2. 试剂

以下所有试剂，均为分析纯试剂；水为符合GB/T 6682—2008《分析实验室用水规格和试验方法》规定的二级水。

（1）乙腈、丙酮、三氯甲烷（氯仿）、氢氧化钠、磷酸（85%）。

（2）己烯雌酚检测试剂盒　2~8℃保存。

①96孔板（12条×8孔）：包被有己烯雌酚偶联抗原；

②己烯雌酚系列标准溶液：0、0.1、0.3、0.9、2.7、8.1μg/L；

③己烯雌酚抗体工作液；

④酶标记物工作液；

⑤2倍浓缩缓冲液；

⑥20倍浓缩洗涤液；

⑦底物液A液；

⑧底物液B液；

⑨终止液。

（3）乙腈-丙酮溶液（84：16）。

（4）2 mol/ L氢氧化钠溶液　称取8.0g氢氧化钠，用100mL水溶解，冷却至室温。

（5）6 mol/ L磷酸溶液　100mL磷酸加去离子水150mL，混合均匀。

（6）缓冲液工作液　用水将2倍浓缩缓冲液按1：1体积比进行稀释，用于溶解干燥的残

留物。2～8℃保存，有效期 1 个月。

（7）洗涤液工作液　用水将 20 倍浓缩洗涤液按 1∶19 体积比进行稀释，用于酶标板的洗涤。2～8℃保存，有效期 1 个月。

（四）仪器和设备

酶标仪（配备 450 nm 滤光片）、组织匀浆机、涡旋振荡器、离心机、微量移液器、分析天平、氮气吹干装置。

（五）测定步骤

1. 样品的制备及保存

取新鲜或解冻的空白或供试动物组织，剪碎，置于组织匀浆机中高速匀浆。-20℃以下冰箱中储存备用。

2. 试料的制备

试料的制备包括：

（1）取制备后的供试样品，作为供试试料。

（2）取制备后的空白样品，作为空白试料。

（3）取制备后的空白样品，添加适宜浓度的标准溶液作为空白添加试料。

3. 测定

（1）提取　称取（2±0.02）g 匀浆后的试料，加乙腈-丙酮（84∶16）6mL，振摇 10min，15℃，3000r/min 离心 10min；取上清液 3.0mL，60℃水浴下氮气吹干；加氯仿 0.5mL，涡动 20s，加 2mol/L 氢氧化钠溶液 2.0mL，涡动 30s，3000r/min 离心 5min；取上清液 1.0mL，加 6mol/L 磷酸溶液 200μL，涡动 5s，加乙腈 3.0mL 萃取，振荡 10min，3000r/min 离心 10min；取上层有机相 1.0mL，60℃水浴下氮气吹干；用缓冲液工作液 1.0mL 溶解残留物，取 50μL 作为试样液分析。本方法的稀释倍数为 6 倍。

（2）试样测定

①将试剂盒在室温（19～25℃）下放置 1～2h。

②按每个标准溶液和试样溶液做 2 个或 2 个以上的平行实验，计算所需酶标板条的数量，插入板架。

③加己烯雌酚系列标准液或试样液 50μL 到对应的微孔中，随即加己烯雌酚抗体工作液 50μL/孔，轻轻振荡混匀，用盖板膜盖板后置 37℃避光反应 30min。

④倒出孔中液体，将酶标板倒置在吸水纸上拍打以保证完全除去孔中液体，加洗涤液工作液 250μL/孔，5s 后倒掉孔中液体，将酶标板倒置在吸水纸上拍打以保证完全除去孔中的液体。重复操作 2 遍以上（或用洗板机洗涤）。

⑤加酶标记物工作液 100μL/孔，用盖板膜盖板后置 37℃反应 30min。

⑥取出酶标板，重复④洗板步骤。

⑦依次加底物液 A 液和 B 液各 50μL/孔，轻轻振荡混匀，37℃下避光显色 15min。

⑧加终止液 50μL/孔，轻轻振荡混匀，设定酶标仪在 450nm 波长处测量吸光度。

（六）结果计算

用所获得的标准溶液和试样溶液吸光度的比值进行计算：

$$\text{相对吸光度}(\%) = \frac{B}{B_0} \times 100 \tag{6-6}$$

式中　B——标准（试样）溶液的吸光度；

B_0——空白（浓度为0标准溶液）的吸光度。

将计算的相对吸光度（%）对应己烯雌酚标准品浓度（μg/L）的自然对数作半对数图，对应的试样浓度可从校正曲线算出，乘以其对应的稀释倍数即为样本中己烯雌酚的实际浓度。

方法筛选结果为阳性的样品，需要用确证方法进行验证。

（七）说明及注意事项

1. 灵敏度

本方法在猪肉、猪肝、虾样品中己烯雌酚的检测限均为2μg/kg。

2. 准确度

本方法在3~12μg/kg添加浓度水平上的回收率均为60%~110%。

3. 精密度

本方法的批内变异系数≤20%，批间变异系数≤30%。

第三节　食品中其他有害物质的测定

一、有害重金属的测定

（一）原子吸收法测定镉含量

1. 实验目的

掌握原子吸收法测定食品中镉含量的原理和操作方法。

2. 实验原理

试样经干法灰化或湿法消化后，注入石墨炉原子吸收分光光度计中，电热原子化吸收228.8nm共振线，在一定浓度范围，其吸光度与镉含量成正比，与标准系列比较定量。

3. 材料和试剂

（1）材料　粮食、豆类、蔬果等。

（2）试剂

①过硫酸铵、硝酸、硫酸、过氧化氢（30%）、高氯酸、硝酸（1∶5）、硝酸（1.0mol/L）、硝酸（0.5mol/L）、盐酸（1∶1）、磷酸铵溶液（20g/L）、混合酸［硝酸-高氯酸（4∶1）］。

②镉标准储备液：准确称取1.000g金属镉（99.99%）分次加20mL盐酸（1∶1）溶解，加2滴硝酸，移入1000mL容量瓶，加水至刻度。混匀。此溶液每毫升含1.0mg镉。

③镉标准使用液：每次吸取镉标准储备液10.0mL于100mL容量瓶中，加硝酸（0.5mol/L）至刻度。如此经多次稀释成每毫升含100.0ng镉的标准使用液。

4. 仪器和设备

所用玻璃仪器均需以硝酸溶液（1∶5）浸泡过夜，用水反复冲洗，最后用去离子水冲洗干净。

石墨炉原子吸收分光光度计、马弗炉、恒温干燥箱、瓷坩埚、压力消解器、压力消解罐或压力溶弹、可调式电热板、可调式电炉。

5. 测定步骤

（1）试样预处理

①在采样和制备过程中，应注意不使试样污染。

②粮食、豆类去杂质后，磨碎，过 20 目筛，储于塑料瓶中，保存备用。

③蔬菜、水果、鱼类、肉类及蛋类等水分含量高的鲜样用食品加工机或匀浆机打成匀浆，储于塑料瓶中，保存备用。

（2）试样消解（可根据实验室条件选用以下任何一种方法消解）

①压力消解罐消解法：称取 1.00~2.00g 试样（干试样、含脂肪高的试样<1.00g，鲜试样<2.0g 或按压力消解罐使用说明书称取试样）于聚四氟乙烯内罐中，加硝酸 2~4mL 浸泡过夜。再加过氧化氢（30%）2~3mL（总量不能超过罐容积的 1/3）。盖好内盖，旋紧不锈钢外套，放入恒温干燥箱，120~140℃保持 3~4h，在箱内自然冷却至室温，用滴管将消化液洗入或过滤入（视消化液有无沉淀而定）10~25mL 容量瓶中，用水少量多次洗涤消解罐，洗液合并于容量瓶中并定容至刻度，混匀备用；同时作试剂空白。

②干法灰化法：称取 1.00~5.00g（根据镉含量而定）试样于瓷坩埚中，先小火在可调式电炉上炭化至无烟，移入马弗炉 500℃灰化 6~8h 时，冷却。若个别试样灰化不彻底，则加 1mL 混合酸在可调式电炉上小火加热，反复多次直到消化完全，放冷，用硝酸（0.5mol/L）将灰分溶解，用滴管将试样消化液洗入或过滤入（视消化液有无沉淀而定）10~25mL 容量瓶中，用水少量多次洗涤瓷坩埚，洗液合并于容量瓶中并定容至刻度，混匀备用；同时作试剂空白。

③过硫酸铵灰化法：称取 1.00~5.00g 试样于瓷坩埚中，加 2~4mL 硝酸浸泡 1h 以上，先小火炭化，冷却后加 2.00~3.00g 过硫酸铵盖于上面，继续炭化至不冒烟，转入马弗炉，500℃恒温 2h，再升至 800℃，保持 20min，冷却，加 2~3mL 硝酸（1.0mol/L），用滴管将试样消化液洗入或过滤入（视消化液有无沉淀而定）10~25mL 容量瓶中，用水少量多次洗涤瓷坩埚，洗液合并于容量瓶中并定容至刻度，混匀备用；同时作试剂空白。

④湿式消解法：称取试样 1.00~5.00g 于锥形瓶或高脚烧杯中，放数粒玻璃珠，加 10mL 混合酸，加盖浸泡过夜，加一小漏斗电炉上消解，若变棕黑色，再加混合酸，直至冒白烟，消化液呈无色透明或略带黄色，放冷，用滴管将试样消化液洗入或过滤入（视消化后试样的盐分而定）10~25mL 容量瓶中，用水少量多次洗涤锥形瓶或高脚烧杯，洗液合并于容量瓶中并定容至刻度，混匀备用；同时作试剂空白。

（3）测定

①仪器条件：根据各自仪器性能调至最佳状态。参考条件为波长 228.8nm，狭缝 0.5~1.0nm，灯电流 8~10mA，干燥温度 120℃，20s；灰化温度 350℃，15~20s，原子化温度 1700~2300℃，4~5s，背景校正为氘灯或塞曼效应。

②标准曲线绘制：吸取上面配制的镉标准使用液 0、1.0、2.0、3.0、5.0、7.0、10.0mL 于 100mL 容量瓶中稀释至刻度，相当于 0、1.0、2.0、3.0、5.0、7.0、10.0ng/mL，各吸取 10μL 注入石墨炉原子吸收分光光度计，测得其吸光度并求得吸光度与浓度关系的一元线性回归方程。

（4）试样测定　分别吸取样液和试剂空白液各 10μL 注入石墨炉，测得其吸光度，代入标准系列的一元线性回归方程中求得样液中镉含量。

（5）基体改进剂的使用　对有干扰试样，则注入适量的基体改进剂磷酸铵溶液（20g/L）

(一般为<5μL) 消除干扰。绘制镉标准曲线时也要加入与试样测定时等量的基体改进剂。

6. 结果计算

试样中镉含量按式 (6-7) 进行计算:

$$X = \frac{(A_1 - A_2) \times V}{m} \tag{6-7}$$

式中 X——试样中镉含量, μg/kg 或 μg/L;

A_1——测定试样消化液中镉含量, ng/mL;

A_2——空白液中镉含量, ng/mL;

V——试样消化液总体积, mL;

m——试样质量或体积, g 或 mL。

阳极溶出伏安法
测定铅和镉含量

(二) 阳极溶出伏安法测定铅和镉含量

1. 实验目的

(1) 学习阳极溶出伏安法测定食品中铅和镉含量的基本原理。

(2) 掌握阳极溶出伏安法测定食品中铅和镉含量的操作技术和注意事项。

2. 实验原理

阳极溶出伏安法 (Anodic Stripping Voltammetry, ASV) 是一种常用于检测金属离子含量的电化学分析技术, 主要包括电解富集和溶出两个过程。待测金属离子在一定的电位下还原富集在电极表面, 然后向电极施加反向电压, 使先前富集在电极上的金属氧化溶出而产生氧化电流, 根据氧化溶出过程的电流-电压曲线进行分析。

将电极置于已知浓度的铅和镉混合标准溶液中, 在电磁搅拌条件下进行恒电位富集, 然后采用方波伏安法向阳极扫描即可得到氧化峰, 分别建立氧化峰电流与铅和镉浓度的标准曲线 (电流随着铅和镉浓度的增加而增大)。测定样品溶液, 根据所得峰电流, 即可从标准曲线上查出样品溶液中铅和镉的浓度。

3. 材料和试剂

(1) 材料 食品样品。

(2) 试剂

①2mol/L 硝酸、0. 5mol/L 硫酸、超纯水。

②0. 1mol/L pH 5. 0 乙酸-乙酸钠缓冲溶液。

③铅和镉混合标准溶液: 取适量 $Pb(NO_3)_2$、$Cd(NO_3)_2$ 标准溶液 (1000. 00mg/L), 用 0. 1mol/L pH 5. 0 乙酸-乙酸钠缓冲溶液稀酸至所需浓度。

4. 仪器和设备

电化学工作站、三电极系统 (玻璃碳电极、银/氯化银电极、铂丝电极) 或丝网印刷碳电极、离心机、移液器、分析天平、电解杯、磁力搅拌器。

5. 测定步骤

(1) 样品处理 准确称取 0. 5g 粉碎均匀的样品置于 50mL 的离心管中, 加入 10mL 2mol/L 硝酸, 超声提取 15min。接着在 8000r/min 转速下离心 5min, 取上清液。重复上述步骤 2 次, 合并两次上清液, 用 0. 1mol/L pH 5. 0 乙酸-乙酸钠缓冲溶液稀释, 用 NaOH 调节 pH 至 5. 0 后定容。

(2) 电极的活化 打开电化学工作站, 双击电脑桌面的工作站软件。在实验技术中选

“循环伏安法”，确定后设置参数：初始电位和低电位为-0.6V、高电位为1.6V、扫描速度为50mV/s，其他参数均为软件默认值。

将玻璃碳电极（需抛光处理）或丝网印刷碳电极置于水中超声30s，然后将工作站的电极夹与三电极系统或丝网印刷碳电极连接好，将电极部位置于0.5mol/L硫酸中进行循环伏安扫描，直到得到稳定的循环伏安曲线，取出电极后用水淋洗备用。

（3）标准曲线的制作　在工作站软件中选“电流-时间曲线”技术，设置参数：电位为-1.4V，静置时间为300s，其他参数均为软件默认值。将电极置于铅和镉混合标准溶液中，在60r/min的电磁搅拌条件下，通过电流-时间曲线法将铅和镉还原富集在电极表面。停止搅拌，采用方波伏安法进行阳极扫描，参数如下：初始电位为-1.2V、终止电位为-0.6V，其他参数均为软件默认值。每次运行完后均保存数据。

同法测定不同浓度的铅和镉混合标准溶液。

以铅和镉混合标准溶液的浓度（c，μg/L）为横坐标，以溶出峰电流（I，μA）为纵坐标，分别制作铅和镉的标准曲线。

（4）样品溶液的测定　在与制作标准曲线相同的条件下，测定样品溶液中的铅和镉的溶出峰电流，并由标准曲线方程确定样品溶液中铅和镉的浓度。

6. 结果计算

样品中铅和镉含量计算公式：

$$X = \frac{c \times V}{m \times 1000} \times 1000 \tag{6-8}$$

式中　X——样品中铅和镉含量，μg/kg；

c——由标准曲线方程算得样品溶液中铅和镉的浓度，μg/L；

V——样品溶液的定容体积，mL；

m——样品的质量，g。

7. 说明及注意事项

（1）样品溶液的定容体积可根据不同食品样品中铅和镉的含量高低进行确定。

（2）阳极溶出伏安法测试灵敏度高，通常可以满足食品中痕量铅和镉的测定需求。在实际工作中，如果对测试方法的灵敏度有更高的需求，可利用纳米材料和功能聚合物材料等对电极进行修饰后再进行测定。

（3）GB 2762—2022《食品安全国家标准　食品中污染物限量》规定了各类食品中不同重金属及其他污染物的限量。其中，不同食品中铅和镉的限量指标分别为0.01~5.00mg/kg和0.003~3.000mg/kg。

（三）原子荧光法测定总砷含量

1. 实验目的

掌握食品中总砷的测定方法。

2. 实验原理

食品试样经湿法消化或干法灰化后，加入硫脲将五价砷还原为三价砷，再加入硼氢化钠或硼氢化钾将三价砷还原生成砷化氢，由氩气载入石英原子化器中分解为原子态砷，在砷空心阴极灯的发射光激发下产生原子荧光，其荧光强度在固定条件下与被测液中的砷浓度成正比，与标准系列比较定量。

3. 材料和试剂

（1）材料 食物样品。

（2）试剂

①氢氧化钠溶液（2g/L）、硫酸溶液（1：9）、硫脲溶液（50g/L）、氢氧化钠溶液（100g/L）。

②硼氢化钠溶液（10g/L）：称取硼氢化钠 10.0g，溶于 1000mL 2g/L 的氢氧化钠溶液中，混匀。此溶液在冰箱中可保存 10d，取出后应当日使用（也可称取 14g 硼氢化钾代替 10g 硼氢化钠）。

③砷标准储备液：含砷 0.1mg/mL。精确称取于 100℃ 干燥 2h 以上的三氧化二砷（As_2O_3）0.1320g，加 100g/L 氢氧化钠 10mL 溶解，用适量水转入 1000mL 容量瓶中，加硫酸溶液（1：9）25mL，用水定容至刻度。

④砷标准使用液：含砷 1μg/mL。吸取 1.00mL 砷标准储备液于 100mL 容量瓶中，用水稀释至刻度，此溶液应该当日配制使用。

⑤湿法消解试剂：硝酸、硫酸、高氯酸。

⑥干法灰化试剂：六水硝酸镁（150g/L）、氯化镁、盐酸（1：1）。

4. 仪器和设备

原子荧光光度计等。

5. 测定步骤

（1）试样消解

①湿法消解：称取 1~2.5g 固体试样、5~10g（或 mL）液体试样，置入 50~100mL 锥形瓶中，同时做两份试剂空白。加 20~40mL 硝酸和 1.25mL 硫酸，摇匀后放置过夜，置于电热板上加热消解。若消解液处理至 10mL 左右时仍有未分解物质或色泽变深，取下放冷，补加 5~10mL 硝酸，再消解至 10mL 左右观察，如此反复两三次，注意避免炭化。如仍不能消解完全，则加入 1~2mL 高氯酸，继续加热至消解完全后，再持续蒸发至高氯酸的白烟散尽，硫酸的白烟开始冒出，冷却，加 25mL 水，再蒸发至硫酸的白烟开始冒出。冷却，用水将内容物转入 25mL 容量瓶或比色管中，加入 2.5mL 50g/L 的硫脲，补水至刻度并混匀，备测。

②干法灰化：一般应用于固体试样。称取 1~2.5g 试样于 50~100mL 坩埚中，同时做两份试剂空白。加入 10mL 150g/L 的硝酸镁，混匀，低热蒸干，将 1g 氧化镁仔细覆盖在干渣上，于电炉上炭化至无黑烟，移入 550℃ 高温炉灰化 4h。取出放冷，小心加入 10mL 盐酸（1：1）以中和氧化镁并溶解灰分，转入 25mL 容量瓶或比色管中，向容量瓶或比色管中加入 2.5mL 50g/L 的硫脲，另用硫酸（1：9）分次淋洗坩埚后转出合并，直至 25mL 刻度，混匀备测。

（2）标准系列准备 取 25mL 容量瓶或比色管 6 支，依次准确加入 1μg/mL 砷标准使用液 0、0.05、0.2、0.5、2.0、5.0mL（各相当于砷浓度 0、2.0、8.0、20.0、80.0、200.0ng/mL），各加 12.5mL 硫酸（1：9），2.5mL 50g/L 的硫脲，补加水至刻度，混匀备测。

（3）测定

①仪器参考条件。光电倍增管电压：400V；砷空心阴极灯电流：35mA；原子化器：温度 820~850℃，高度 7mm；氩气流速：载气 600mL/min；测量方式：荧光强度或浓度直读；读数方式：峰面积；读数延迟时间：1s；读数时间：15s；硼氢化钠溶液加入时间：5s；标液或样液

加入体积：2mL。

②浓度方式测量。如直接测荧光强度，则在开机并设定好仪器条件后，预热稳定约20min。按“B”键进入空白值测量状态，连续用标准系列的“0”管进样，待读数稳定后，按空挡键记录下空白值（即让仪器自动扣除）即可开始测量。先一次测标准系列（可不再测“0”管）。标准系列测完后应仔细清洗进样器（或更换一支），并再用“0”管测试使读数基本回零后，才能测试剂空白和试样，每次测定不同的试样前都应清洗进样器，记录（或打印）下测量数据。

③仪器自动方式。利用仪器提供的软件功能可进行浓度直接测定，为此在开机、设定条件和预热后，还需输入必要的参数，即试样量（g/mL）、稀释体积（mL）、进样体积（mL）、结果的浓度单位、标准系列各点的重复测量次数、标准系列的点数（不计零点）及各点的浓度值。首先进入空白值的测量状态，连续用标准系列的“0”管进样以获得稳定的空白值并执行自动扣抵后，再依次测标准系列（此时“0”管需再测一次）。在测样液前，需再进入空白值测量状态，先用标准系列“0”管测试使读数复原并稳定后，再用两个试剂空白分别进一次样，让仪器取其均值作为扣抵的空白值，随后即可依次测试样。测定完毕后退回主菜单，选择“打印报告”即可将测定结果打出。

6. 结果计算

如果采用荧光强度测量方式，则需先用标准系列的结果进行回归运算（由于测量时“0”管强制为0，故零点值应该输入已占据一个点位），然后根据回归方程求出试剂空白液和试样被测液的砷浓度，再按式（6-9）计算试样的砷含量：

$$X = \frac{c_1 - c_0}{m} \times \frac{25}{1000} \tag{6-9}$$

式中 X——试样中砷含量，mg/kg或mg/L；

c_1——试样被测液的浓度，ng/mL；

c_0——试剂空白液的浓度，ng/mL；

m——试样质量或体积，g或mL。

7. 说明及注意事项

（1）精密度

①湿法消解法：在重复性条件下获得的两次独立测定结果的绝对差值不得超过算术平均值的10%。

②干法灰化法：在重复性条件下获得的两次独立测定结果的绝对差值不得超过算术平均值的15%。

（2）准确度　湿法消解法测定的回收率为90%～105%；干法灰化法测定的回收率为85%～100%。

（四）原子荧光法测定总汞含量

1. 实验目的

掌握食品中总汞的测定方法。

2. 实验原理

试样经湿法消解后，在酸性介质中，试样中的汞被硼氢化钾或硼氢化钠还原成原子态汞，由载气（氩气）带入原子化器中，在汞空心阴极灯照射下，基态汞原子被激发至高能态，在去活化回到基态时，发射出特征波长的荧光，其荧光强度与汞含量成正比，与标准系列比较定量。

3. 材料和试剂

（1）材料　食物样品。

（2）试剂

①硝酸、硫酸、30%过氧化氢、硝酸溶液（1∶9）、氢氧化钾溶液（5.0g/L）。

②混合酸：硫酸-硝酸-水（1∶1∶8）。

③硼氢化钾溶液（5g/L）：称取5.0g硼氢化钾，溶于5.0g/L的氢氧化钾溶液中，并稀释至1000mL，混匀，现用现配。

④汞标准储备溶液：精密称取0.1354g已干燥过的二氧化汞，加硫酸-硝酸-水混合酸（1∶1∶8）溶解后移入100mL容量瓶中，并稀释至刻度，混匀，此溶液每毫升相当于1mg汞。

⑤汞标准使用溶液：用移液管吸取汞标准储备溶液（1mg/mL）1mL于100mL容量瓶中，用硝酸溶液（1∶9）稀释至刻度，混匀，此溶液浓度为10μg/mL。再分别吸取10μg/mL汞标准溶液1mL和5mL于两个100mL容量瓶中，用硝酸溶液（1∶9）稀释至刻度，混匀，溶液浓度分别为100ng/mL和500ng/mL，分别用于测定低浓度试样和高浓度试样，制作标准曲线。

4. 仪器和设备

双道原子荧光光度计、高压消解罐（容量100mL）、微波消解炉等。

5. 测定步骤

（1）试样消解

①高压消解法：本方法适用于粮食、豆类、蔬菜、水果、瘦肉类、鱼类、蛋类及乳与乳制品类食品中总汞的测定。

a. 粮食及豆类等干试样。称取经粉碎混匀过40目筛的干试样0.2~1.00g，置于聚四氟乙烯塑料内罐中，加5mL硝酸，混匀后放置过夜，再加7mL过氧化氢，盖上内盖放入不锈钢外套中，旋紧密封。然后将消解器放入普通干燥箱（烘箱）中加热，升温至120℃后保持恒温2~3h，至消解完全，自然冷却至室温。将消解液用硝酸溶液（1∶9）定量转移并定容至25mL，摇匀。同时做试剂空白试验。待测。

b. 蔬菜、瘦肉、鱼类及蛋类水分含量高的鲜样。用捣碎机打成匀浆，称取匀浆1.00~5.00g，置于聚四氟乙烯塑料内罐中，加盖留缝，放入65℃鼓风干燥箱或一般烤箱中烘至近干，取出，以下按a. 自“加5mL硝酸……”起依法操作。

②微波消解法：称取0.10~0.50g试样于消解罐中，加入1~5mL硝酸、1~2mL过氧化氢，盖好安全阀后，将消解罐放入微波炉消解系统中，根据不同种类的试样设置微波炉消解系统的最佳分析条件，至消解完全，冷却后用硝酸溶液（1∶9）定量转移并定容至25mL（低含量试样可定容至10mL），混匀待测。

（2）标准系列配制

①低浓度标准系列：分别吸取100ng/mL汞标准使用溶液0.25、0.50、1.00、2.00、2.50mL于25mL容量瓶中，用硝酸溶液（1∶9）稀释至刻度，混匀。各自相当于汞浓度1.00、2.00、4.00、8.00、10.00ng/mL。此标准系列适用于一般试样测定。

②高浓度标准系列：分别吸取500ng/mL汞标准使用溶液0.25、0.50、1.00、1.50、2.00mL于25mL容量瓶中，用硝酸溶液（1∶9）稀释至刻度，混匀。各自相当于汞浓度5.00、

10.00、20.00、30.00、40.00ng/mL。此标准系列适用于鱼样及含汞量偏高的试样测定。

（3）测定

①仪器参考条件。光电倍增管负高压：240V；汞空心阴极灯电流：30mA；原子化器：温度为300℃，高度为8.0mm；氩气流速：载气500mL/min，屏蔽气1000mL/min；测量方式：标准曲线法；读数方式：峰面积；读数延迟时间：1.0s；读数时间：10.0s；硼氢化钾溶液加液时间：8.0s；标液或样液加液体积：2mL。

注：AFS系列原子荧光仪如230、230a、2202a、2201等仪器属于全自动或断续流动仪器，都附有仪器的操作软件，仪器分析条件应设置该仪器所提示的分析条件，仪器稳定后，测标准系列，至标准曲线的相关系数 $r>0.999$ 后测试样。试样前处理可适用任何型号的原子荧光仪。

②测定方法。根据情况任选以下一种方法。

a. 浓度测定方法测量：设定好仪器最佳条件，逐步将炉温升至所需温度后，稳定10~20min后开始测量。连续用硝酸溶液（1∶9）进样，待读数稳定之后，转入标准系列测量，绘制标准曲线。转入试样测量，先用硝酸溶液（1∶9）进样，使读数基本回零，再分别测定试样空白和试样消化液，每次测定不同的试样前都应清洗进样器。试样测定结果按式（6-10）计算。

b. 仪器自动计算结果方式测量：设定好仪器最佳条件，在试样参数画面输入参数试样质量（g或mL）、稀释体积（mL），并选择结果的浓度单位，逐步将炉温升至所需温度，稳定后测量。连续用硝酸溶液（1∶9）进样，待读数稳定之后，转入标准系列测量，绘制标准曲线。在转入试样测定之前，再进入空白值测量状态，用试样空白消化液进样，让仪器取其均值作为扣抵的空白值。随后即可依法测定试样。测定完毕后，选择“打印报告”即可将测定结果自动打印。

6. 结果计算

试样中汞的含量按式（6-10）计算：

$$X = \frac{(c_1 - c_0) \times V}{m \times 1000} \tag{6-10}$$

式中　X——试样中汞的含量，mg/kg或mg/L；

c_1——试样消化液中汞的含量，ng/mL；

c_0——试剂空白液中的汞的含量，ng/mL；

V——试样消化液总体积，mL；

m——试样质量或体积，g或mL。

7. 说明及注意事项

精密度：在重复性条件下获得的两次独立测定结果的绝对差值不得超过算术平均值的10%。

二、酒中甲醇的测定

（一）实验目的

了解酒中甲醇的测定方法。

（二）实验原理

甲醇经氧化成甲醛后，与品红-亚硫酸溶液作用生成蓝紫色化合物，与标准系列比较定量。最低检出量为0.02g/100mL。允许相对误差：含量≥0.1g/100mL，为≤15%；含量<0.1g/100mL，

为≤20%。

（三）材料和试剂

1. 材料

酒类样品。

2. 试剂

（1）高锰酸钾-磷酸溶液　称取3g高锰酸钾，加入15mL 85%磷酸与70mL水的混合液中，溶解后加水至100mL。棕色瓶中保存，时间不宜过长。

（2）草酸-硫酸溶液　称取5g无水草酸或7g含2分子结晶水的草酸，溶于硫酸（1：1）中并定容至100mL。

（3）品红-亚硫酸溶液　称取0.1g碱性品红研细后，分次加入共60mL 80℃的水，边加水边研磨使其溶解，用滴管吸取上层溶液，过滤收集于100mL容量瓶中，冷却后加10mL 100g/L亚硫酸钠溶液、1mL盐酸，再加水至刻度，充分混匀，放置过夜。如溶液有颜色，可加少量活性炭搅拌后过滤，储于棕色瓶中，置暗处保存，溶液呈红色时应弃去重新配制。

（4）甲醇标准溶液　准确称取1.000g甲醇，置于100mL容量瓶中，加水稀释至刻度。此溶液每毫升相当于10mg甲醇。低温保存。

（5）甲醇标准使用溶液　吸取10.0mL甲醇标准溶液，置于100mL容量瓶中，加水稀释至刻度。再取25mL稀释液，置于50mL容量瓶中，加水至刻度。该溶液每毫升相当于0.50mg甲醇。

（6）无甲醇的乙醇溶液　取0.3mL 95%乙醇按下述测定步骤的方法检查，不应显色。否则需进行处理：取300mL乙醇（95%），加高锰酸钾少许，蒸馏，收集馏液。在馏液中加入硝酸银溶液（1g硝酸银溶于少量水中）和氢氧化钠溶液（1.5g氢氧化钠溶于少量水中），摇匀，取上清液蒸馏，弃去50mL初馏液。收集中间馏液约200mL，用酒精比重计测其浓度，加水配成无甲醇的乙醇（60%）。

（7）亚硫酸钠溶液（100g/L）。

（四）仪器和设备

分光光度计等。

（五）测定步骤

（1）根据样品中乙醇的体积分数适当取样（乙醇的体积分数为30%，取1.0mL；体积分数40%，取0.8mL；体积分数50%，取0.6mL；体积分数60%，取0.5mL），置于26mL具塞比色管中。

（2）吸取0、0.1、0.2、0.4、0.6、0.8、1.0mL甲醇标准使用液（相当于0、0.05、0.10、0.20、0.30、0.40、0.50mg甲醇），分别置于25mL具塞比色管中，并用无甲醇的乙醇溶液稀释至1.0mL。

（3）于样品管及标准管中各加水至5mL，再一次各加2mL高锰酸钾-磷酸溶液，混匀。放置10min后，各加2mL草酸-硫酸溶液，混匀使其褪色。再各加5mL品红-亚硫酸溶液，混匀，于20℃以上静置0.5h。用2cm比色皿，在波长590nm处测吸光度，绘制标准曲线比较，或与标准色列目测比较。

（六）结果计算

试样中甲醇的含量按式（6-11）进行计算：

$$X = \frac{m}{V \times 1000} \times 100 \tag{6-11}$$

式中 X——试样中甲醇的含量，g/100mL；

m——测定试样中甲醇的质量，mg；

V——试样体积，mL。

（七）说明及注意事项

（1）如果样品为有色酒，必须经过蒸馏后再取样测定。方法是：吸取 100mL 样品于 250mL 或 500mL 全玻璃蒸馏器中，加入 50mL 水，再加入玻璃珠数粒，蒸馏，用 100mL 容量瓶收集馏出液 100mL。

（2）本法不是甲醇氧化成甲醛的特有反应，一些高级挥发性物质也能呈现颜色反应。但是，在含有一定量硫酸的溶液中，其他醛类所产生的颜色反应，在一定时间内可以褪色，而甲醛所显示的蓝紫色很稳定，24h 内不褪色，所以可以消除干扰。

（3）乙醇的含量影响显色。乙醇含量低，显色灵敏度高，以 5%的体积分数最为适宜（以比色管中乙醇含量计），可增减其样品体积。

（4）品红结晶需要研磨后再称量，必须全部溶解冷却之后，再加入亚硫酸钠溶液，加入量不可过多，否则方法灵敏度降低。亚硫酸含量高，显色浅或不显色，应用新配制的品红-亚硫酸试剂，配制后放冰箱或暗处 24h 之后再使用。

（5）必须按操作掌握时间，不能提前比色测定，以便其他产生干扰的醛类所形成的有色物质有足够的时间褪色。

三、三聚氰胺的测定

（一）实验目的

（1）学习高效液相色谱法测定三聚氰胺的实验原理和方法。

（2）掌握高效液相色谱法检测技术。

（二）实验原理

试样用三氯乙酸-乙腈提取，经阳离子交换固相萃取柱净化后，用高效液相色谱测定，外标法定量。

（三）材料和试剂

1. 材料

原料乳及乳制品。

2. 试剂

除非另有说明，所有试剂均为分析纯，水为 GB/T 6682—2008《分析实验室用水规格和试验方法》规定的一级水。

（1）甲醇、乙腈、辛烷磺酸钠　色谱纯。

（2）氨水　含量为 25%~28%。

（3）三氯乙酸、柠檬酸、甲醇水溶液（1∶1）。

（4）三氯乙酸溶液（10g/L）　准确称取 10g 三氯乙酸于 1L 容量瓶中，用水溶解并定容至刻度，混匀后备用。

（5）氨化甲醇溶液（5%）　准确量取 5mL 氨水和 95mL 甲醇，混匀后备用。

(6) 离子对试剂缓冲液　准确称取 2.10g 柠檬酸和 2.16g 辛烷磺酸钠，加入约 980mL 水溶解，调节 pH 至 3.0 后，定容至 1L 备用。

(7) 三聚氰胺标准品　CAS 108-78-1，纯度大于 99.0%。

(8) 三聚氰胺标准储备液　准确称取 100mg（精确到 0.1mg）三聚氰胺标准品于 100mL 容量瓶中，用甲醇水溶液（1∶1）溶解并定容至刻度，配制成浓度为 1mg/mL 的标准储备液，于 4℃避光保存。

(9) 阳离子交换固相萃取柱　混合型阳离子交换固相萃取柱，基质为苯磺酸化的聚苯乙烯-二乙烯基苯高聚物，填料质量为 60mg，体积为 3mL，或相当者。使用前依次用 3mL 甲醇、5mL 水活化。

(10) 海沙　化学纯，粒度 0.65~0.85mm，二氧化硅（SiO_2）含量为 99%。

(11) 微孔滤膜　0.2μm，有机相。

(12) 氮气　纯度≥99.999%。

(四) 仪器和设备

高效液相色谱仪（配有紫外检测器或二极管阵列检测器）、分析天平、离心机（转速不低于 4000r/min）、超声波水浴、固相萃取装置、氮气吹干仪、涡旋混合器、具塞塑料离心管（50mL）、研钵。

(五) 测定步骤

1. 提取

(1) 液态乳、乳粉、酸乳、冰淇淋和奶糖等　称取 2g（精确至 0.01g）试样于 50mL 具塞塑料离心管中，加入 15mL 三氯乙酸溶液和 5mL 乙腈，超声提取 10min，再振荡提取 10min 后，以不低于 4000r/min 离心 10min。上清液经三氯乙酸溶液润湿的滤纸过滤后，用三氯乙酸溶液定容至 25mL，移取 5mL 滤液，加入 5mL 水混匀后做待净化液。

(2) 干酪、奶油和巧克力等　称取 2g（精确至 0.01g）试样于研钵中，加入适量海沙（试样质量的 4~6 倍）研磨成干粉状，转移至 50mL 具塞塑料离心管中，用 15mL 三氯乙酸溶液分数次清洗研钵，清洗液转入离心管中，再往离心管中加入 5mL 乙腈，余下操作同（1）中“超声提取 10min……加入 5mL 水混匀后做待净化液”。

注：若样品中脂肪含量较高，可以用三氯乙酸溶液饱和的正己烷液-液分配除脂后 SPE 柱净化。

2. 净化

将步骤 1 中的待净化液转移至固相萃取柱中。依次用 3mL 水和 3mL 甲醇洗涤，抽至近干后，用 6mL 氨化甲醇洗脱。整个固相萃取过程流速不超过 1mL/min。洗脱液于 50℃下用氮气吹干，残留物（相当于 0.4g 样品）用 1mL 流动相定容，涡旋混合 1min，过微孔滤膜后，供高效液相色谱仪测定。

3. 高效液相色谱测定参考条件

(1) 色谱柱　C_8 柱，250mm×4.6mm，5μm，或相当者；C_{18} 柱，250mm×4.6mm，5μm，或相当者。

(2) 流动相　C_8 柱，离子对试剂缓冲液-乙腈（85∶15，体积比），混匀；C_{18} 柱，离子对试剂缓冲液-乙腈（90∶10，体积比），混匀。

(3) 流速　1.0mL/min。

(4) 柱温　40℃。

（5）波长　240nm。

（6）进样量　20μL。

4. 标准曲线的绘制

用流动相将三聚氰胺标准储备液逐级稀释得到浓度为 0. 8、2、20、40、80μg/mL 的标准工作液，浓度由低到高进样检测，以峰面积-浓度作图，得到标准曲线回归方程。

5. 定量测定

待测样液中三聚氰胺的响应值应在标准曲线的线性范围内，超过线性范围则应稀释后再进样分析。

6. 空白试验

除不称取样品外，均按上述测定条件和步骤进行。

（六）结果计算

试样中三聚氰胺的含量由色谱数据处理软件或按式（6-12）计算获得：

$$X = \frac{A \times c \times V}{A_s \times m} \times f \tag{6-12}$$

式中　X——试样中三聚氰胺的含量，mg/kg；

A——样液中三聚氰胺的峰面积；

c——标准溶液中三聚氰胺的浓度，μg/L；

V——样液最终定容体积，mL；

A_s——标准溶液中三聚氰胺的峰面积；

m——试样的质量，g；

f——稀释倍数。

（七）说明及注意事项

1. 方法定量限

本方法的定量限为 2mg/kg。

2. 回收率

添加浓度在 2～10mg/kg 范围内，回收率在 80%～110%，相对标准偏差<10%。

3. 允许差

在重复性条件下获得的两次独立测定结果的绝对差值不得超过算术平均值的 10%。

四、“瘦肉精”的测定

（一）实验目的

（1）学习 GC-MS 测定克伦特罗（“瘦肉精”）的实验原理和方法。

（2）掌握 GC-MS 检测技术。

（二）实验原理

固体试样剪碎，用高氯酸溶液匀浆。液体试样加入高氯酸溶液，进行超声加热提取，用异丙醇-乙酸乙酯（40∶60）萃取，有机相浓缩，经弱阳离子交换柱进行分离，用乙醇-浓氨水（98∶2）溶液洗脱，洗脱液浓缩，经 N，O-双三甲基硅烷三氟乙酰胺衍生后于气质联用仪上进行测定。以美托洛尔为内标，定量。

（三）材料和试剂

1. 材料

肌肉、肝脏、肾脏。

2. 试剂

（1）克伦特罗（纯度≥99.5%）、美托洛尔（纯度≥99%）、甲醇（HPLC级）、氯化钠、浓氨水、乙醇、甲苯（色谱纯）、乙醇-浓氨水（98∶2）、高氯酸溶液（0.1mol/L）、氢氧化钠溶液（1mol/L）、异丙醇-乙酸乙酯（40∶60）、磷酸二氢钠缓冲液（0.1mol/L，pH 6.0）。

（2）衍生剂　*N*，*O*-双三甲基硅烷三氟乙酰胺（BSTFA）。

（3）美托洛尔内标标准溶液　准确称取美托洛尔标准品，用甲醇溶解配成浓度为240mg/L的内标储备液，储于冰箱中，使用时用甲醇稀释成2.4mg/L的内标使用液。

（4）克伦特罗标准溶液　准确称取克伦特罗标准品，用甲醇溶解配成浓度为250mg/L的标准储备液，储于冰箱中，使用时用甲醇稀释成0.5mg/L的克伦特罗标准使用液。

（5）弱阳离子交换柱（LC-WCX）　3mL。

（6）针筒式微孔过滤膜　0.45μm，水相。

（四）仪器和设备

气相色谱-质谱联用仪、磨口玻璃离心管［11.5cm（长）×3.5cm（内径），具塞］、5mL玻璃离心管、超声波清洗器、酸度计、离心机、振荡器、旋转蒸发器、涡旋式混合器、恒温加热器、N_2-蒸发器、匀浆器等。

（五）测定步骤

1. 提取

称取肌肉、肝脏或肾脏试样10g（精确到0.01g），用20mL 0.1mol/L高氯酸溶液匀浆，置于磨口玻璃离心管中，然后置于超声波清洗器超声20min，取出置于80℃水浴中加热30min。取出冷却后离心（4500r/min）15min。倾出上清液，沉淀用5mL 0.1mol/L高氯酸溶液洗涤，再离心，将两次上清液合并。用1mol/L氢氧化钠溶液调pH至9.5±0.1，若有沉淀产生，再离心（4500r/min）10min，将上清液转移至磨口玻璃离心管中，加入8g氯化钠，混匀，加入25mL异丙醇-乙酸乙酯（40∶60），置于振荡器上振荡提取20min。提取完毕，放置5min（若有乳化层稍离心一下）。用吸管小心将上层有机相移至旋转蒸发瓶中，用20mL异丙醇-乙酸乙酯（40∶60）再重复萃取一次，合并有机相，于60℃在旋转蒸发器上浓缩至近干。用1mL 0.1mol/L磷酸二氢钠缓冲液（pH 6.0）充分溶解残留物，经针筒式微孔过滤膜过滤，洗涤三次后完全转移至5mL玻璃离心管中，并用0.1mol/L磷酸二氢钠缓冲液（pH 6.0）定容至刻度。

2. 净化

依次用10mL乙醇、3mL水、3mL 0.1mol/L磷酸二氢钠缓冲溶液（pH 6.0）、3mL水冲洗弱阳离子交换柱，取适量上述样品提取液至弱阳离子交换柱上，弃去流出液，分别用4mL水和4mL乙醇冲洗柱子，弃去流出液，用6mL乙醇-浓氨水（98∶2）冲洗柱子，收集流出液。将流出液在N_2-蒸发器上浓缩至干。

3. 衍生化

于净化、吹干的试样残渣中加入100～500μL甲醇，50μL 2.4mg/L的美托洛尔内标使用液，在N_2-蒸发器上浓缩至干，迅速加入40μL衍生剂（BSTFA），盖紧塞子，在涡旋式混合器上混匀1min，置于75℃恒温加热器中衍生90min。衍生反应完成后取出冷却至室温，在涡旋式混合器上混匀 30s，置于 N_2-蒸发器上浓缩至干。加入 200μL 甲苯，在涡旋式混合器上充分混匀，待气质联用仪进样。同时用克伦特罗标准使用液做系列同步衍生。

4. 气相色谱-质谱法测定参数设定

气相色谱柱：DB-5MS 柱，30m×0.25mm×0.25μm；

载气：He，柱前压 8psi（1psi=6894.76Pa）；

进样口温度：240℃；

进样量：1μL，不分流；

柱温程序：70℃保持 1min，以 18℃/min 的速度升至 200℃，以 5℃/min 的速度再升至 245℃，再以 25℃/min 升至 280℃并保持 2min；

离子源：EI 源；

电子轰击能：70eV；

离子源温度：200℃；

接口温度：285℃；

溶剂延迟：12min；

EI 源检测特征质谱峰：克伦特罗，*m/z* 86、187、243、262；美托洛尔，*m/z* 72、223。

5. 测定

吸取 1μL 衍生的试样液或标准液注入气质联用仪中，以试样峰（*m/z* 86、187、243、262、264、277、333）与内标峰（*m/z* 72、223）的相对保留时间定性，要求试样峰中至少有 3 对选择离子相对强度（与基峰的比例）不超过标准相应选择离子相对强度平均值的±20%或 3 倍标准差。以试样峰（*m/z* 72）的峰面积比单点或多点校准定量。

（六）结果计算

按内标法单点或多点校准计算试样中克伦特罗的含量：

$$X = \frac{A \times f}{m} \tag{6-13}$$

式中 X——试样中克伦特罗的含量，μg/kg（或 μg/L）；

A——试样色谱峰与内标色谱峰的峰面积的比值对应的克伦特罗质量，ng；

f——试样稀释倍数；

m——试样的取样量，g（或 mL）。

五、黄曲霉毒素 B_1 的测定

（一）实验目的

（1）学习薄层色谱法测定黄曲霉毒素 B_1 的实验原理和方法。

（2）掌握薄层色谱法的基本操作。

（二）实验原理

食品样品中黄曲霉毒素 B_1（AFT B_1）经有机溶剂提取、净化、浓缩并经薄层色谱法分离后，在波长 365nm 紫外光下产生蓝紫色荧光，根据其在薄层板上显示荧光的最低检出量来测定 AFT B_1 含量。

(三) 材料和试剂

1. 材料

花生、花生酱、玉米、大米、小麦。

2. 试剂

(1) 三氯甲烷、正己烷或石油醚、甲醇、苯、乙腈、无水乙醚、丙酮 均为分析纯，必要时应重蒸，并应经检验对薄层层析测定无干扰。

(2) 苯-乙腈溶液（98∶2）、甲醇-水溶液（55∶45）、三氟乙酸、无水硫酸钠、硅胶G（薄层层析用）。

(3) 黄曲霉毒素 B_1 标准储备液 称取 1~1.2mg AFT B_1 标准品，先加入 2mL 乙腈溶解后，再用苯稀释至 100mL，避光置于 4℃冰箱中保存。先用紫外分光光度计测定配制的 AFT B_1 标准储备液浓度，再用苯-乙腈混合液调整其浓度为 10μg/mL。在 350nm 处，AFT B_1 在苯-乙腈溶液（98∶2）中的摩尔消光系数为 19800。

(4) 黄曲霉毒素 B_1 标准应用液Ⅰ（1.0μg/mL） 精密吸取 1.0mL 10μg/mL AFT B_1 标准储备液于 10mL 容量瓶中，加苯-乙腈混合液至刻度，混匀。此液含 AFT B_1 为 1μg/mL。

(5) 黄曲霉毒素 B_1 标准应用液Ⅱ（0.2μg/mL） 精密吸取 1.0mL 1μg/mL AFT B_1 标准应用液Ⅰ于 5 mL 容量瓶中，加苯-乙腈混合液至刻度，摇匀。此液含 AFT B_1 为 0.2μg/mL。

(6) 黄曲霉毒素 B_1 标准应用液Ⅲ（0.04μg/mL） 精密吸取 1.0mL 0.2μg/mL AFT B_1 标准应用液Ⅱ于 5mL 容量瓶中，加苯-乙腈混合液至刻度，摇匀。此液含 AFT B_1 为 0.04μg/mL。

(四) 仪器和设备

小型粉碎机、电动振荡器、分样筛、水浴锅、全玻璃浓缩器或 250mL 索氏提取器、5cm×20cm 玻璃板、薄层板涂布器、层析展开槽（25cm×6cm×4cm）、紫外光灯（100~125W，带有波长 465nm 的滤光片）、微量注射器等。

(五) 测定步骤

1. 样品预处理

(1) 样品的提取和净化 称取样品 20g 置于 250mL 具塞锥形瓶中，加 30mL 正己烷或石油醚和 100mL 甲醇-水（55∶45）溶液，塞好瓶塞，在瓶塞上涂上一层水防漏。振荡 30min，静置片刻，以叠成折叠式的快速定性滤纸过滤于分液漏斗中，等下层甲醇-水溶液分清后，放出甲醇-水溶液于另一具塞锥形瓶中，取 20.0mL 甲醇-水溶液提取液（相当于 4g 样品）置于另一个 125mL 分液漏斗中，加 20mL 三氯甲烷，振摇 2min，静置分层（如出现乳化，则可滴加甲醇破坏乳化层），放出氯仿层，经盛有约 10g 先用氯仿湿润的无水硫酸钠的慢速定量滤纸过滤于 50mL 蒸发皿中，最后用少量的氯仿洗涤过滤器，洗涤液并于蒸发皿中。

(2) 样品提取液的浓缩和定容 在通风橱中，将蒸发皿于 65℃水浴上通风挥干，然后放在冰盒上冷却 2~3min 后，准确加入 1mL 苯-乙腈混合液，将残渣充分混合，若有苯的结晶析出，将蒸发皿从冰盒上取下，继续溶解、混合，晶体即消失，再用此滴管吸取上清液转移于 2mL 具塞试管中。

2. 样品的测定

(1) 薄层板的制备 称取大约 3g 硅胶 G，加相当于硅胶量 2~3 倍的水，用力研磨 1~2min，至成糊状后，立即倒入涂布器内，推铺三块成 5cm×20cm、厚度大约 0.25mm 的薄层板。

于空气中干燥大约 15min 后，在 100℃下活化 2h，取出放干燥器中保存。一般可保存 2~

3d，若放置时间太长，可再干燥活化后使用。

（2）点样　将薄层板边缘附着的吸附剂刮净，在距薄层板底端3cm的基线上用微量注射器滴加样液和标液。一块薄板可点四个样点，点距边缘和点间距大约为1cm，样点直径大约3mm。要求同一块板上样点大小相同，点样时可用电吹风边吹边点。四个样点如下。

第一点：10μL 0.04μg/mL AFT B_1 标液；

第二点：20μL 样液；

第三点：20μL 样液 + 10μL 0.04μg/mL AFT B_1 标液；

第四点：20μL 样液 + 10μL 0.2μg/mL AFT B_1 标液。

（3）展开与观察　在展开槽内加10mL无水乙醚，预展12cm，取出挥干。再于另一展开槽内加10mL丙酮-三氯甲烷（8∶92）溶剂，展开10~12cm，取出在紫外灯下观察结果，方法如下：

①第一点滴加了10μL 0.04μg/mL AFT B_1 标液，其中含AFT B_1 0.4ng，作为最低检出量，同时可检验薄层板好坏和层析条件是否合适，若展开后此点无荧光，则可能是薄层板没有制好或层析条件有问题。

②由于在第三点和第四点的样液点上加了AFT B_1 标液，可使样点中AFT B_1 荧光点与标液AFT B_1 荧光点重叠。其中第三点主要用来检查在样液内AFT B_1 最低检出量是否正常出现，若第一点有荧光点，第三点无荧光点则表示样液中可能有荧光猝灭剂，此时应改进样品提取等方法。第四点中AFT B_1 为2ng，主要起定位作用，在上述层析条件，AFT B_1 的 R_f 值大约为0.6。

③如果第二点（样点）与AFT B_1 标准点相应位置（R_f 值大约为0.6）没有蓝紫色荧光点，而其他点均有荧光点，则表示样品中AFT B_1 含量在5mg/kg以下，若第二点在其相应位置有蓝紫色荧光点，则需进行确证试验。

（4）确证试验　为了证实薄层板上样液荧光确系由AFT B_1 所产生，于样点上滴加三氟乙酸（TFA），使其与AFT B_1 反应，产生AFT B_1 的衍生物AFT B_{2a}，展开后，AFT B_{2a} 的 R_f 值约为0.1。方法是，于薄层板左边依次点两个样。

第一点：10μL 0.04μg/mL AFT B_1 标液；

第二点：20μL 样液。

于以上两点各加一小滴TFA盖于其上，反应5min后，用电吹风吹热风2min，使热风吹到薄层板上的温度不高于40℃。再于薄层板右边滴加以下两个点。

第三点：10μL 0.04μg/mL AFT B_1 标液；

第四点：20μL 样液。

同（3）展开后，于紫外光下观察样液是否产生与AFT B_1 标准点相同的衍生物（R_f 值约等于0.1）。未加TFA的第三、第四两点，可分别作为样液与标准的衍生物空白对照。

（5）稀释定量　样液中（4g样品/mL，点样20μL）AFT B_1 荧光点的荧光强度如与AFT B_1 标准点的最低检出量（0.4ng）的荧光强度一致，则样品中AFT B_1 含量即为5μg/kg；如样液中荧光强度比最低检出量强，则根据其强度估计减少点样微升数或将样液稀释后再点不同微升数，直至样液点的荧光强度与最低检出量的荧光强度一致为止，点样形式如下。

第一点：10μL 0.04μg/mL AFT B_1 标准液；

第二点：根据情况点10μL 样液；

第三点：根据情况点15μL 样液；

第四点：根据情况点 20μL 样液。

（六）结果计算

样品中 AFT B_1 含量的计算公式：

$$X = 0.0004 \times \frac{V_1 \times D \times 1000}{V_2 \times m} \tag{6-14}$$

式中　X——样品中 AFT B_1 的含量，μg/kg；

V_1——稀释前样液的总体积，mL；

V_2——出现与最低检出量同等荧光强度时的样液点样量，mL；

D——样液的稀释倍数；

m——与稀释前样液总量相当的样品质量，g；

0.0004——AFT B_1 最低检出量，μg。

（七）说明及注意事项

（1）黄曲霉毒素目前常用的测定方法是薄层色谱法和微柱层析法，其中薄层色谱法为我国 AFT 标准分析法。

（2）在黄曲霉毒素中，由于 AFT B_1 毒性大、含量多，且在一般情况下如未检查出 AFT B_1，就不存在 AFT B_2、AFT G_1 等，故食品中污染的 AFT 含量常以 AFT B_1 为主要指标。

（3）AFT 难溶于水、乙醚、石油醚及己烷中，易溶于油、丙酮、氯仿、苯、乙腈等有机溶剂中。提取时，根据 AFT 的性质可先用甲醇、氯仿等为提取溶剂。样品类型不同，则提取剂与提取方法也不同。对于油脂含量低的固体样品如大米、玉米与小麦等，可用氯仿-水（10∶1）溶液振荡后直接提取；对于脂肪含量高的固体样品如腊肠、火腿与花生酱等，则用无水硫酸钠脱水后，用石油醚于索氏提取器中回流 8h 提取脂肪后，再用氯仿提取；对于含油脂高的液体样品，先用己烷或石油醚处理后，再用甲醇-水（55∶45）溶液进行液-液萃取；对于一般液体样品可用甲醇提取（甲醇-水 55∶45）。

（4）AFT 在中性及酸性溶液中一般很稳定，但在强酸溶液中（$pH<3.0$）也稍有分解，如 AFT B_1 和 AFT G_1 在酸催化加水的条件下，可分别得到毒性较小的 AFT B_{2a} 和 AFT G_{2a}，在 pH 9~10 的强碱性介质中则迅速生成几乎无毒的盐，但反应是可逆的。

（5）在波长为 365nm 的紫外光照射下，AFT B 类发蓝色荧光，AFT G 类发绿色荧光，但在强紫外光照射下可破坏 AFT。

思考题

1. 高效液相色谱仪主要由哪几个部分组成？各部分分别有什么作用？
2. 什么是反相色谱？它主要用于测定哪些物质？
3. 采用阳极溶出伏安法测定铅和镉时，如何进行定性和定量分析？

第七章

07

综合技能训练实验

腌腊肉制品、黄酒、调味品等中国传统特色食品历史悠久，不仅承载着中华饮食文化的精髓，更体现了独特的传统工艺与匠心传承。这些特色食品产业在我国发展成熟，规模显著，并在国内外市场享有较高声誉。

随着社会经济的发展和消费水平的升级，人们对传统食品的质量与安全提出了更高要求。因此，将腌腊肉制品、黄酒、调味品等传统食品的分析检测纳入食品分析综合实验课程具有重要意义：一方面可强化学生的食品安全检测实践能力，另一方面有助于提升传统食品行业的质量安全水平。本章选取腊肠、黄酒和酱油等代表性产品，结合最新国家标准与现代分析检测技术，构建完整的检测实训模块，旨在全面提升学生的分析检测技能和实际应用能力。

第一节　腊肠的分析测定

一、腊肠分析项目概述

GB/T 23493—2022《中式香肠质量通则》对腊肠（中式香肠）的感官评价，以及水分、蛋白质、脂肪含量有明确要求。这些物质的测定在前面的章节里已经做过介绍。

水分含量和分布状态在腊肠加工和储藏过程中呈动态变化，是决定腊肠质量和货架期的重要因素。腊肠中适当的水分含量有利于产品保持口感、性状、形态和良好风味。腊肠中的水一般以自由水和结合水的形式存在。结合水与腊肠中的蛋白质、碳水化合物的游离羟基结合，构成高分子化合物凝胶，对腊肠的风味有重要作用。而自由水可以被微生物利用，能溶解腊肠中的氨基酸和糖类等可溶性物质，它对保持腊肠中的水分有直接关系，同时也标志了被微生物利用的水量。因此，对腊肠品质和安全的监控需要包括自由水与结合水。低场核磁共振技术（LF-MNR）是近几年发展起来的一门新型分析技术，在食品分析中主要用于测定肌肉中的水分状态、分布及组成。利用低场核磁共振技术测定腊肠中的水分对于腊肠品质和安全的控制具有重要意义。

杂环胺是富含蛋白质的肉类及其制品在加工过程中产生的一类具有致癌性、致突变性的化合物。目前杂环胺的检测及控制已成为食品安全领域的研究热点。高效液相色谱-四极杆-静电场轨道阱高分辨质谱（HPLC-Q-Orbitrap HRMS）法具有高分辨率和高灵敏度，可快速分析鉴定杂环胺。利用 HPLC-Q-Orbitrap HRMS 测定腊肠中的杂环胺对于腊肠的食用安全性尤为重要。

二、低场核磁共振法测定水分

（一）实验目的

（1）了解低场核磁共振法测定腊肠中水分的原理。

（2）了解低场核磁共振法的测定步骤。

（二）实验原理

在低频磁场中，LF-MNR 通过测定氢质子（^{1}H）的横向弛豫时间（T_2）表征水分的迁移变化情况，从而反映出肉持水性的变化。^{1}H 的弛豫时间与水分的流动性密切相关。在食品体系中，水分含量和分布的不同，都会使纵向弛豫时间（T_1）和（T_2）发生改变。由于 T_2 对水分分布状态比 T_1 更加敏感，因此常用来作为测定肉品持水性的指标。不同的 T_2，能够容易区分自由水和结合水。

（三）材料和试剂

腊肠。

（四）仪器和设备

低场核磁共振仪、分析天平。

（五）测定步骤

准确称取 1.0g 腊肠样品，放入核磁共振专用样品管中，用封口膜封口以防止水分蒸发。开启电脑，将样品管放入核磁共振仪磁体箱中，打开核磁共振分析软件，开启射频单元电源（仪器工作温度 32℃）。在参数设置中选择硬脉冲序列（Hard Pulse FID），寻找中心频率 SF1+O1（肉中氢质子的共振频率）。进入硬脉冲 CPMG 序列设置参数：TD=100050，SW=100kHz，D3=80μs，TR=1000ms，RG1=20，RG2=3，NS=4，EchoTime=500.00μs，Echo Count=1000，开始检测。检测结束保存数据，使用仪器自带的反演软件进行反演，得到 T_2 的分布情况。

（六）结果计算

由核磁共振反演软件得到横向弛豫时间（T_2）谱图，根据图中峰的个数，可以判断腊肠中存在几种活动状态的水分（如结合水、不易流动水和自由水）。谱图中各个峰点所对应的横坐标位置就是该种水分的平均 T_2 值。T_2 值越低，表明该种水分与底物结合越紧密，T_2 值越大，则说明水分越自由。

核磁共振反演软件可自动求得谱图上每个峰的峰面积及总峰面积，由峰面积可估算出肉中不同状态水分及总水分的含量。

三、高效液相色谱-四极杆-静电场轨道阱高分辨质谱法测定杂环胺

（一）实验目的

（1）了解高效液相色谱-四极杆-静电场轨道阱高分辨质谱（HPLC-Q-Orbitrap HRMS）法测定腊肠中杂环胺的原理。

（2）了解 HPLC-Q-Orbitrap HRMS 法的测定步骤。

（二）实验原理

以杂环胺标准品作为参考标准物质，利用 HPLC-Q-Orbitrap HRMS 技术，获得杂环胺基于

正离子模式下的一级母离子的精确质量数、高质量二级碎片质谱图和保留时间，建立杂环胺的MS/MS谱库。针对腊肠样品的基质特性，优化样品提取和净化等前处理条件，采用HPLC-Q-Orbitrap HRMS正离子全扫描模式测定，通过提取的二级质谱图、与上述MS/MS谱库比较定性，以一级质谱的精确相对分子质量峰面积与标准品比较定量，实现腊肠中杂环胺的筛查定性及定量检测。

（三）材料和试剂

1. 材料

腊肠。

2. 试剂

（1）14种杂环胺和2种杂环胺同位素内标　见表7-1，纯度均>99.0%。

表7-1　14种杂环胺和2种杂环胺同位素内标的信息

序号	杂环胺	缩写	保留时间/min	测定质量数/（*m/z*）	理论质量数/（*m/z*）	误差/(mg/kg)	MS/MS
1	$C_8H_{10}N_4$	DMIP	2.69	163.09775	163.09782	-0.43	148.07431，105.04510
2	$C_{10}H_9N_5$	IQx	3.90	200.09290	200.09307	-0.85	185.06947，158.05841
3	$C_{11}H_{10}N_4$	IQ	3.36	199.09775	199.09782	-0.35	184.07428，157.06360
4	$C_{12}H_{12}N_4$	MeIQ	3.94	213.11331	213.11347	-0.75	198.08990，170.07115
5	$C_{11}H_{11}N_5$	MeIQx	5.15	214.10869	214.10872	-0.14	199.08519，172.07426
6	$C_{11}H_8D_3N_5$	MeIQx-d_3	5.14	217.12735	217.12755	-0.92	199.08508
7	$C_{12}H_{13}N_5$	7，8-DiMeIQx	6.25	228.12397	228.12437	-1.75	213.10071，187.09830
8	$C_{12}H_{13}N_5$	4，8-DiMeIQx	6.42	228.12396	228.12437	-1.80	212.09291，185.08205
9	$C_{11}H_8N_2$	Norharman	6.46	169.07597	169.07602	-0.30	115.05446，142.06519
10	$C_{11}HD_7N_2$	Norharman-d_7	6.38	176.11984	176.11996	-0.68	120.08575
11	$C_{12}H_{10}N_2$	Harman	7.34	183.09161	183.09167	-0.33	115.0543，168.06810
12	$C_{12}H_{11}N_3$	Trp-P-2	8.51	198.10251	198.10257	-0.30	154.06511，181.07593
13	$C_{13}H_{12}N_4$	PhIP	8.53	225.11333	225.11347	-0.62	210.08983，168.06813
14	$C_{15}H_{17}N_3O_2$	Trp-P-1	9.16	212.11801	212.11822	-0.99	195.09160，167.07292
15	$C_{11}H_9N_3$	AαC	9.40	184.08685	184.08692	-0.38	167.06029，140.04936
16	$C_{12}H_{11}N_3$	MeAαC	10.03	198.10234	198.10257	-1.16	181.07587，154.06530

（2）乙腈、甲酸、乙酸铵　均为色谱纯。

（3）氢氧化钠（NaOH）、氯化钠（NaCl）　分析纯。

（4）杂环胺单标储备液　称取各标准品适量，用甲醇溶解并定容，配成单标储备液。

（5）杂环胺混合标准溶液　采用杂环胺单标储备液，用甲醇稀释，配制成质量浓度为1.0mg/L的混合标准溶液。

（6）杂环胺混合标准工作液　用流动相［1mmol/L 乙酸铵（含 0.05%甲酸）-乙腈（95：5）］将上述 1.0mg/L 的混合标准溶液稀释成浓度分别为 0.2、0.5、1、2、5、10、20、50、100、200、500μg/L 的混合标准工作液，每个浓度的标准工作液中含有 20μg/L 的内标 MeIQx-d_3 和 Norharman-d_7。

（四）仪器和设备

超高效液相色谱-质谱联用系统（包括 Dionex Ultimate 3000 液相泵、自动进样器、柱温箱以及 Orbitrap 高分辨质谱部分）、色谱柱（Thermo Accucore aQ C_{18}，2.1mm×150mm，2.6μm）、涡旋混合器、超声波清洗器、低速离心机、超纯水仪、水浴氮吹仪等。

（五）测定步骤

1. 样品提取

称取 1.0g 腊肠样品于 50mL 离心管中，依次加入 4mL 1mol/L NaOH 溶液和 6mL 乙腈，均质 30s 后加入 1.5g NaCl，涡旋 2min，4500r/min 离心 5min，将上层溶剂转移到 15mL 玻璃管中，残渣中再加入 4mL 乙腈萃取一次，合并乙腈层，40℃氮吹至约 2mL。

2. 样品净化

预先用 3mL 甲醇、3mL 蒸馏水、3mL 1%甲酸溶液将 Strata™-X-C 柱（3mL）活化和平衡，将上一步骤提取液全部通过 Strata™-X-C 柱，依次用 3mL 0.1%甲酸、3mL 水和 3mL 甲醇淋洗，再用 4mL 甲醇-氨水（体积比为 95：5）洗脱。洗脱液在 40℃下氮吹至干，用 1.0mL 流动相定容，0.22μm PFTE 滤膜过滤，待 HPLC-Q-Orbitrap HRMS 检测。

3. 色谱条件

色谱柱为 Thermo Accucore aQ C_{18}（2.1mm×150mm，2.6μm）；柱温：30℃；流动相 A：1mmol/L 乙酸铵溶液（含 0.05%甲酸）；流动相 B：乙腈。

梯度洗脱程序：0～0.5min，95%A；0.5～7min，95%～80%A；7～9.5min，80%～40%A；9.5～9.6min，40%～5%A；9.6～11min，5%A；11～11.5min，5%～95%A；11.5～13min，95%A；进样量：3μL；流速：0.3mL/min。

4. 质谱条件

Q Exactive Focus 质谱系统配有加热电喷雾电离源（HESI），采用正离子模式，喷雾电压为 3.5kV，毛细管和喷雾温度分别为 320℃和 250℃。鞘气和辅助气压力分别设为 45、8arb，S-lens RF 电压为 50V。喷雾气和碰撞气均为氮气。使用校正溶液，每 7 天校正 1 次质量轴。扫描方式采用正离子全扫描（Full MS）模式。Full MS 一级全扫描范围为 *m/z* 50～650，分辨率为 70000，自动增益控制（AGC）、自动注入时间（IT）分别设为 $1.0e^6$ 和 100ms；dd-MS_2 数据依赖的二级扫描 AGC 设为 $1.0e^5$，分辨率设为 17500，最大 IT 设为 60ms，分离窗口设为 2.0m/z，各化合物的归一化碰撞能量（NCE）设为 80%、100%、120%，动态排除设为 8s。

5. 测定

通过液相色谱将试样溶液进行分离后注入，得到相应的保留时间及信号响应值，根据标准曲线得到相应目标化合物的浓度。进行样品测定时，如果检出的质量色谱峰保留时间与标准样品一致，并且在扣除背景后的样品谱图中，各定性离子的相对丰度与浓度接近的同样条件下得到的标准溶液谱图相比，最大允许相对偏差不超过表 7-2 中规定的范围，则可判断样品中存在对应的待测物。

6. 空白试验

除不加试样外，均按上述提取和净化操作步骤进行。

表 7-2　定性确证时相对离子丰度的最大允许偏差

相对离子丰度/%	允许的相对偏差/%
>50	±20
20~50	±25
10~20	±30
≤10	±50

（六）结果计算

以杂环胺混合标准工作液中杂环胺和内标的浓度比为横坐标，以峰面积比为纵坐标，绘制标准曲线，按照内标法进行定量计算。待测样液中杂环胺的响应值应在标准曲线范围内，超过线性范围则应重新分析。

计算结果以重复性条件下获得的两次独立测定结果的算术平均值表示，结果保留两位有效数字。

（七）说明及注意事项

（1）本方法的线性范围、检测限和定量限见表 7-3。

表 7-3　14 种杂环胺的线性范围、检测限和定量限

化合物	线性范围/（μg/L）	回归方程	R^2	检测限/（μg/kg）	定量限/（μg/kg）	内标
DMIP	0.2~200	y=0.27x+0.023	0.9983	0.4	1.3	MeIQx-d_3
IQx	0.2~500	y=0.076x+0.00020	0.9991	0.2	0.6	MeIQx-d_3
IQ	2.0~200	y=0.10x-0.48	0.9996	0.5	1.6	MeIQx-d_3
MeIQ	5.0~500	y=0.090x-0.72	0.9989	0.5	1.6	MeIQx-d_3
MeIQx	0.2~500	y=0.11x-0.0027	0.9997	0.1	0.3	MeIQx-d_3
7，8-DiMeIQx	0.2~200	y=0.049x+0.00083	0.9983	0.1	0.3	MeIQx-d_3
4，8-DiMeIQx	0.2~200	y=0.059x+0.0019	0.9983	0.2	0.6	MeIQx-d_3
Norharman	0.2~200	y=0.13x+0.0050	0.9993	0.8	2.5	Norharman-d_7
Harman	0.2~200	y=0.10x-0.0057	0.9992	0.2	0.6	Norharman-d_7
Trp-P-2	0.5~200	y=0.066x+0.012	0.9970	0.4	1.3	Norharman-d_7
PhIP	0.2~200	y=0.092x+0.0024	0.9981	0.2	0.6	Norharman-d_7
Trp-P-1	0.2~200	y=0.086x-0.0011	0.9993	0.1	0.5	Norharman-d_7
AaC	0.2~200	y=0.093x-0.011	0.9973	0.1	0.4	Norharman-d_7
MeAaC	0.2~500	y=0.073x-0.0092	0.9985	0.2	0.6	Norharman-d_7

（2）本方法在添加水平为 1×定量限、2×定量限、10×定量限的加标浓度下，14 种杂环胺类化合物的平均回收率在 82.9%~115.4%，日内精密度相对标准偏差（*RSD*）（n=6）在 1.7%~7.3%，日间精密度 *RSD*（n=5）在 3.9%~8.7%。

第二节 黄酒的分析测定

一、黄酒分析项目概述

黄酒是中国传统的发酵酒，也是中国四大酒系之一，源于中国，且唯中国有之，与啤酒、葡萄酒并称世界三大古酒。

目前，黄酒使用的标准是 GB/T 13662—2018《黄酒》。黄酒的主要检测指标有感官分析、总糖、非糖固形物、酒精度、pH、总酸、氨基酸态氮、氧化钙、苯甲酸、β-苯乙醇等。

氨基酸态氮是反映黄酒成分的重要指标。黄酒中含有比其他酒种更丰富的游离氨基酸，氨基酸是黄酒的主要营养成分。与此同时，黄酒工业中常通过测定氨基酸态氮含量的变化，了解被微生物利用的氮源的量及利用情况。因此，氨基酸态氮含量也作为黄酒发酵生产的重要指标之一。测定方法见第三章第二节中“三、甲醛滴定法测定氨基酸总量”。

非糖固形物是黄酒企业普遍关注的一个指标。黄酒的主要原料是淀粉类物质，其经过曲的酶系边糖化边发酵，形成未完全发酵的残糖和糊精。一般情况下，淀粉逐步水解为糊精、寡糖和单糖等糖类。但淀粉酶对支链淀粉分支点不容易切断，从而生成糊精及低聚糖等。由于这些糖类物质赋予了酒液独特的甜味和醇厚感，所以不同的生产工艺产生的糊精和总糖的量不一样，口感也相差甚远。没被切断的糊精是黄酒里非糖固形物中的重要组成成分，可见，非糖固形物的含量是黄酒品质的重要指标。

β-苯乙醇是一种具有玫瑰花香、蜜香的芳香高级醇，在黄酒中具有较高的香气强度，是评定黄酒、白酒等酒品质的重要指标。

氨基甲酸乙酯（Ethyl Carbamate，EC）是发酵食物和酒精饮品在发酵或者贮存过程中产生的化学污染物，于 2007 年被国际癌症研究机构分类为可能令人类患癌的物质（2A 类致癌物）。氨基甲酸乙酯的检测对于黄酒的食用安全性尤为重要。

二、非糖固形物测定

（一）实验目的

（1）熟悉非糖固形物的测定原理。

（2）掌握非糖固形物的测定步骤。

（二）实验原理

样品经 100～105℃加热，其中的水分、乙醇等可挥发性物质被蒸发，剩余的残留物即为总固形物。总固形物减去总糖即为非糖固形物。

（三）材料和试剂

1. 材料

黄酒。

2. 试剂

同于第三章第五节中“二、斐林试剂滴定法测定总糖含量”部分的试剂。

（四）仪器和设备

天平、电热干燥箱、干燥器。

（五）测定步骤

吸取试样 5mL（干、半干黄酒直接取样，半甜黄酒稀释 1～2 倍后取样，甜黄酒稀释 2～6 倍后取样）于已知干燥至恒重的蒸发皿（或直径为 50mm、高 30mm 称量瓶）中，放入（103±2）℃电热干燥箱中烘干 4h，取出称量。

（六）结果计算

试样中总固形物含量计算公式如下：

$$X=\frac{(m_1-m_2)\times n}{V}\times 1000 \tag{7-1}$$

式中　X——试样中总固形物的含量，g/L；

m_1——蒸发皿（或称量瓶）和试样烘干至恒重的质量，g；

m_2——蒸发皿（或称量瓶）烘干至恒重的质量，g；

n——试验稀释倍数；

V——吸取试样的体积，mL。

试样中非糖固形物含量计算：

$$X_2=X-X_1 \tag{7-2}$$

式中　X_2——试样中非糖固形物的含量，g/L；

X——试样中总固形物的含量，g/L；

X_1——试样中总糖的含量，g/L。

三、气相色谱法测定 β-苯乙醇

（一）实验目的

（1）了解酒中 β-苯乙醇的测定方法。

（2）掌握气相色谱法测定 β-苯乙醇的原理及气相色谱仪的操作流程。

气相色谱法
测定 β-苯乙醇

（二）实验原理

根据 β-苯乙醇与其他组分在气固两相中具有不同的分配系数，于毛细管色谱柱中进行分离，在氢火焰中电离检测，通过保留时间对 β-苯乙醇进行定性，通过外标法进行定量。

（三）材料和试剂

1. 材料

黄酒。

2. 试剂

（1）无水乙醇（分析纯）、β-苯乙醇标准品（纯度≥99%）。

（2）β-苯乙醇标准溶液的配制　称取适量的 β-苯乙醇标准品，用无水乙醇配成 1.0g/L 的 β-苯乙醇标准储备液。使用时，移取适量的 1.0g/L β-苯乙醇标准储备液，用无水乙醇稀释成 0、50、100、150、200mg/L 的系列标准工作液。

（四）仪器和设备

气相色谱仪（带 FID 检测器）、DB-WAX（30m×0.25mm，0.25μm）毛细管色谱柱、分析天平。

（五）测定步骤

1. 样品前处理

吸取 1~2mL 酒样，过 0.45μm 的滤膜，移至样品瓶中待测。

2. 气相色谱仪的使用方法和检测条件

打开氮气瓶，调分压为 0.4~0.6MPa，打开空气发生器和氢气发生器，打开气相色谱仪开关，打开电脑开关，连机，打开在线操作软件，设置方法：自动进样，进样量 1μL，分流比为 50∶1；进样口温度 220℃；柱温程序为 120℃保持 1min，然后以 25℃/min 速率升温至 220℃，保持 3min，后运行温度 240℃，3min；检测器温度 220℃。

3. 标准溶液和样品的测定

新建序列表，编辑序列表，依次放入 5 个系列标准工作液和 2 个样品，编辑序列方法，然后进行测定。

（六）结果计算

以 β-苯乙醇标准工作液的浓度为横坐标，以峰面积为纵坐标，绘制标准曲线，采用外标法进行定量计算。待测样液中 β-苯乙醇的响应值应在标准曲线范围内，超过线性范围则应调整样品的浓度，重新进行分析。

四、气相色谱-质谱法测定氨基甲酸乙酯

（一）实验目的

（1）掌握气相色谱-质谱法测定黄酒中氨基甲酸乙酯的原理。

（2）掌握气相色谱-质谱法的测定步骤。

（二）实验原理

试样加 D_5-氨基甲酸乙酯内标后，经过碱性硅藻土固相萃取柱净化、洗脱，洗脱液浓缩后，用气相色谱-质谱仪进行测定，内标法定量。

（三）材料和试剂

1. 材料

黄酒。

2. 试剂

（1）无水硫酸钠　450℃烘烤 4h，冷却后储存于干燥器中备用。

（2）氯化钠。

（3）正己烷、乙酸乙酯、乙醚、甲醇，均为色谱纯。

（4）碱性硅藻土固相萃取柱　填料 4000mg、柱容量 12mL。

（5）5%乙酸乙酯-乙醚溶液　取 5mL 乙酸乙酯，用乙醚稀释到 100mL，混匀待用。

（6）氨基甲酸乙酯标准品（$C_3H_7NO_2$）　纯度>99.0%。

（7）D_5-氨基甲酸乙酯标准品（$C_3H_2D_5NO_2$）　纯度>98.0%。

（8）D_5-氨基甲酸乙酯储备液（1.00mg/mL）　准确称取 0.01g D_5-氨基甲酸乙酯标准品，

用甲醇溶解、定容至 10mL，4℃以下保存。

(9) D_5-氨基甲酸乙酯使用液 (2.00μg/mL) 准确吸取 D_5-氨基甲酸乙酯储备液 (1.00mg/mL) 0.10mL，用甲醇定容至 50mL，4℃以下保存。

(10) 氨基甲酸乙酯储备液 (1.00mg/mL) 准确称取 0.05g 氨基甲酸乙酯标准品，用甲醇溶解、定容至 50mL，4℃以下保存，保存期 3 个月。

(11) 氨基甲酸乙酯中间液 (10.0μg/mL) 准确吸取氨基甲酸乙酯储备液 (1.00mg/mL) 1.00mL，用甲醇定容至 100mL，4℃以下保存，保存期 1 个月。

(12) 氨基甲酸乙酯中间液 (0.50μg/mL) 准确吸取氨基甲酸乙酯中间液 (10.0μg/mL) 5.00mL，用甲醇定容至 100mL，现配现用。

(13) 标准曲线工作溶液 分别准确吸取氨基甲酸乙酯中间液 (0.50μg/mL) 20.0、50.0、100.0、200.0、400.0μL 和氨基甲酸乙酯标准中间液 (10.0μg/mL) 40.0、100.0μL 于 7 个 1mL 容量瓶中，各加 2.00μg/mL D_5-氨基甲酸乙酯使用液 10μL，用甲醇定容至刻度，得到 10.0、25.0、50.0、100、200、400、1000ng/mL 的标准曲线工作溶液，现配现用。

(四) 仪器和设备

(1) 气相色谱-质谱仪，带电子轰击源 (EI)。

(2) 涡旋混匀器、氮吹仪、超声波清洗机、马弗炉、分析天平。

(3) 固相萃取装置，配真空泵。

(五) 测定步骤

1. 试样制备

样品摇匀，称取 2g (精确至 0.001g) 样品，加 100.0μL 2.00μg/mL D_5-氨基甲酸乙酯使用液、氯化钠 0.3g，超声溶解、混匀后，加样到碱性硅藻土固相萃取柱上，在真空条件下，将样品溶液缓慢渗入萃取柱中，并静置 10min。经 10mL 正己烷淋洗后，用 10mL 5%乙酸乙酯-乙醚溶液以约 1mL/min 流速进行洗脱，洗脱液经装有 2g 无水硫酸钠的玻璃漏斗脱水后，收集于 10mL 刻度试管中，室温下用氮气缓缓吹至约 0.5mL，用甲醇定容至 1.00mL 制成测定液，供 GC-MS 分析。

2. 气相色谱-质谱仪分析参考条件

毛细管色谱柱：DB-INNOWAX，30m×0.25mm×0.25μm 或等效色谱柱；

进样口温度：220℃；

柱温：初温 50℃，保持 1min，然后以 8℃/min 升至 180℃，程序运行完成后，240℃后运行 5min；

载气：氦气，纯度≥99.999%，流速 1mL/min；

电离模式：电子轰击源 (EI)，能量为 70eV；

四级杆温度：150℃；

离子源温度：230℃；

传输线温度：250℃；

溶剂延迟：11min；

进样方式：不分流进样；

进样量：1~2μL；

检测方式：选择离子监测 (SIM)；

氨基甲酸乙酯选择监测离子（m/z）：44、62、74、89，定量离子 62；

D_5-氨基甲酸乙酯选择监测离子（m/z）：64、76，定量离子 64。

3. 定性测定

按方法条件测定标准工作溶液和试样，低浓度试样定性可以减少定容体积，试样的质量色谱峰保留时间与标准物质保留时间的允许偏差<±2.5%；定性离子对的相对丰度与浓度相当标准工作溶液的相对丰度允许偏差不超过表 7-4 的规定。

表 7-4　定性确证时相对离子丰度的最大允许偏差

相对离子丰度/%	允许的最大偏差/%
>50	±20
20~50	±25
10~20	±30
≤10	±50

4. 定量测定

（1）标准曲线的制作　将氨基甲酸乙酯标准曲线工作溶液 10.0、25.0、50.0、100、200、400、1000ng/mL（内含 200ng/mL D_5 氨基甲酸乙酯）进行气相色谱-质谱测定，以氨基甲酸乙酯浓度为横坐标，标准曲线工作溶液中氨基甲酸乙酯峰面积与内标 D_5-氨基甲酸乙酯的峰面积比为纵坐标，绘制标准曲线。

（2）试样测定　将试样溶液同标准曲线工作溶液进行测定，根据测定液中氨基甲酸乙酯的含量计算试样中氨基甲酸乙酯的含量，其中试样含低浓度的氨基甲酸乙酯时，宜采用 10.0、25.0、50.0、100、200ng/mL 的标准曲线工作溶液绘制标准曲线；试样含高浓度氨基甲酸乙酯时，宜采用 50.0、100、200、400、1000ng/mL 的标准曲线工作溶液绘制标准曲线。

（六）结果计算

黄酒中氨基甲酸乙酯含量计算公式：

$$X=\frac{c\times V\times 1000}{m\times 1000} \tag{7-3}$$

式中　X——样品中氨基甲酸乙酯含量，μg/kg；

c——测定液中氨基甲酸乙酯的含量，ng/mL；

V——样品测定液的定容体积，mL；

m——样品质量，g；

1000——换算系数。

（七）说明及注意事项

（1）在重复性条件下获得的两次独立测定结果的相对标准偏差，当含量≤50μg/kg 时，不得超过算术平均值的 15%；当含量>50μg/kg 时，不得超过算术平均值的 10%。

（2）当试样取 2g 时，本方法氨基甲酸乙酯检测限为 2.0μg/kg，定量限为 5.0μg/kg。

第三节　香精的分析测定

一、香精分析项目概述

GB 30616—2020《食品安全国家标准　食品用香精》对食品用香精的感官评价、相对密度、折光指数、水分含量、过氧化值、粒度、原液稳定性、千倍稀释液稳定性、重金属含量、砷含量、甲醇含量、菌落总数、大肠菌群等指标有明确的要求。食用香精的安全指标均有成熟的检测方法，本节选择以下两个与香精品质有关的指标进行描述。

粒度即颗粒的大小。通常球体颗粒的粒度用直径表示，立方体颗粒的粒度用边长表示。不同粒度的香精，类别不一样，品质也不一样。以乳化食用香精为例，当其粒度为 0.5~1.2μm 时，效果最佳，为乳浊液，小于 0.1μm 时为透明液，大于 2μm 时会分层。现代纳米食用香精分子的粒径更是会影响其风味的释放。

气相色谱-嗅觉测量（GC-O）法是新型的香气成分检测方法，在气相色谱柱末端安装分流口，分流样品到 FID 检测器和鼻子。色谱峰/气味的相应关系由闻香师来确定。嗅辨仪与气相色谱及质谱连用，在测定气味物质之前，先进行物质的分离，通过平行检测，气味物质可以被逐一嗅辨，确定香味的同时又获得化合物的结构信息。与大体积进样器及冷凝组分收集器配合，还能分离、收集出产生特定气味的单个成分。GC-O 法有效地实现人机结合，较好地解决了化合物在色谱上响应值较高却对香气贡献少等问题。该法能更精准地筛选出对香气有贡献的化合物，同时，在确定气味污染方面也有帮助。

二、乳化食用香精粒度的测定

（一）实验目的

（1）了解粒度对于食用香精的意义。

（2）了解粒度的测定步骤。

（二）实验原理

在显微镜下可以观察微小颗粒的直径。

（三）材料和试剂

乳化香精。

（四）仪器和设备

>600 倍的生物显微镜。

（五）测定步骤

取少量经搅拌均匀的试样放在载玻片上，滴入适量的水，用盖玻片轻压试样使成薄层。用显微镜观察。

（六）结果判定

乳化香精粒度≤2μm 并均匀分布。

三、气相色谱-嗅觉测量法测定牛肉香精香味活性化合物

（一）实验目的

（1）熟悉香气成分的气味。

（2）了解气相色谱-嗅觉测量（GC-O）的操作步骤。

（二）实验原理

在气相色谱-质谱仪上的气相色谱柱末端安装分流口，分流样品到质谱检测器和鼻子。气味由闻香师来确定，气味化合物由仪器检测判断。

同时蒸馏提取装置（Simultaneous Distillation Extraction，SDE）是通过同时分别加热样品液相与有机溶剂至挥发，样品液体的香气成分随着蒸气与有机溶剂蒸气混合萃取，冷凝后收集有机相便可获得样品香气成分。

香气提取物稀释分析（Aroma Extract Dilution Analysis，AEDA）是通过对样品不断稀释，直到闻香师在特定的时间里无法从嗅辨仪中辨识到气体香味为止，计算得到香气稀释因子，从而判断香气化合物的重要性。

（三）材料和试剂

1. 材料

牛肉香精。

2. 试剂

标准品、正戊烷、乙醚（分析纯）、无水 Na_2CO_3、系列烷烃（$C_6 \sim C_{20}$，色谱纯）。

（四）仪器和设备

同时蒸馏提取装置、GC-O（气相色谱 6890N/质谱 5975B+嗅闻装置 ODP）、氮吹仪等。

（五）测定步骤

1. 牛肉香精香气成分萃取

取 350. 0g 牛肉香精用同时蒸馏提取装置提取 2h，以 40mL 正戊烷与 20mL 乙醚混合液为萃取溶剂。在水浴 40℃下氮吹浓缩至 1mL，装入磨口具塞试管中，用封口膜密封备用。

2. 分离检测

（1）检测条件

①色谱条件：毛细管柱为 DB-5 和 DB-WAX 柱（30m×0. 32mm×0. 25μm，Agilent）。

进样口温度分别为 250℃（DB-5）/220℃（DB-WAX），柱箱采用程序升温，起始 40℃，保持 2min，以 40℃/min 升到 50℃，保持 2min，再以 6℃/min 升到 250℃（DB-5）/220℃（DB-WAX），保持 20min。分流比为 10∶1。

②质谱条件：氦气流量 1. 2mL/min，进样口温度为 250℃。接口温度 280℃，电离方式为 EI，电子能量 70eV，质谱质量扫描范围 30～550amu。

（2）样品测定　用 GC-O 装置按一定色谱条件对样品进行测定。先取 1μL 未稀释浓缩液直接进样，流出气体在毛细管末端分别流入 ODP 和 MS，先确定化合物个数。

3. 香气提取物稀释分析测定

将浓缩液用乙醚按 1∶3 的稀释比进行系列稀释，每次稀释后注入 2μL 到 GC-O 进行分析，直到评价员在嗅闻装置 ODP 末端不再闻到气味则停止稀释，每种香味化合物的最高稀释倍数

为其香气稀释因子。由3位评价员来操作香气提取物稀释分析，记录从嗅闻装置ODP出口闻到的气味特性及时间，每种化合物的香味及时间必须至少有其中两名评价员的描述一致才可确定。

4. 化合物的鉴定

化合物由标准化合物的质谱、GC的保留因子（RI）和芳香特性比较来鉴定，或通过文献报道的RI值和芳香特性来完成鉴定。

（六）结果分析

较好的牛肉香精具有以下几种特征化合物：

（1）关键的芳香化合物 2-甲基-3-呋喃硫醇（肉香、米饭香）、3-甲硫基丙醛（煮土豆）以及2-呋喃甲硫醇（烤香、肉香）、3-甲基丁醛（黑巧克力）。

（2）贡献化合物 愈创木酚（烟熏味）、反式-2，4-癸二烯醛（青香、酯香）、苯乙醛（玫瑰香）、2-甲基丁醛（黑巧克力）、噻唑（饼干、烤香）。

第四节 酱油的分析测定

一、酱油分析项目概述

GB 2717—2018《食品安全国家标准 酱油》对酱油的感官评价、氨基酸态氮、污染物限量、真菌毒素限量、菌落总数、大肠菌群等指标有明确的要求。这些指标均有成熟的检测方法，本节选择氨基酸态氮和生物胺两个与酱油品质有关的指标进行描述。

氨基酸态氮是指以氨基酸形式存在的氮元素的含量，是评价酱油品质的主要指标之一。一般来说，氨基酸态氮含量越高，酱油的鲜味和营养价值就越好。国标规定每100mL的酱油中，氨基酸态氮的含量不得低于0.4g。然而，需要注意的是，氨基酸态氮含量并不是唯一的指标，其他因素如口感、色泽、气味等也需要考虑。

生物胺是一类含氮碱性化合物，根据其结构可分为脂肪胺（腐胺、尸胺、精胺、亚精胺）、芳香胺（酪胺、β-苯乙胺）和杂环胺（组胺、色胺）。摄入过量的生物胺，会对人体健康产生潜在危害。生物胺主要存在于发酵食品中，是由原料中的酶或微生物代谢产生的氨基酸脱羧酶作用产生的。酱油是传统的发酵食品，是亚洲地区饮食的重要调味品，其安全性与人们的健康息息相关。生物胺作为酱油发酵过程产生的一类副产物，其含量会潜在影响酱油的安全性，因此，准确快速监测酱油中生物胺的含量具有重要意义。

二、比色法测定氨基酸态氮

（一）实验目的

（1）掌握比色法测定酱油中氨基酸态氮的原理。

（2）掌握比色法测定酱油中氨基酸态氮的步骤。

（二）实验原理

在pH 4.8的乙酸钠-乙酸缓冲液中，氨基酸态氮与乙酰丙酮和甲醛反应生成黄色的3,5-二乙酸-2,6-二甲基-1,4二氢化吡啶氨基酸衍生物。在波长400nm处测定吸光度，与标准系列比较定量。

（三）材料和试剂

1. 材料

酱油。

2. 试剂

（1）乙酸（CH_3COOH）。

（2）无水乙酸钠（CH_3COONa）或乙酸钠（$CH_3COONa \cdot 3H_2O$）。

（3）甲醇（CH_3OH）。

（4）乙酰丙酮（$C_5H_8O_2$）。

（5）乙酸溶液（1mol/L）　量取5.8mL冰乙酸，加水稀释至100mL。

（6）乙酸钠溶液（1mol/L）　称取41g无水乙酸钠或68g乙酸钠（$CH_3COONa \cdot 3H_2O$），加水溶解并稀释至500mL。

（7）乙酸钠-乙酸缓冲液　量取60mL乙酸钠溶液（1mol/L）与40mL乙酸溶液（1mol/L）混合，该溶液pH为4.8。

（8）显色剂　15mL 37%甲醇与7.8mL乙酰丙酮混合，加水稀释至100mL，剧烈振摇混匀（室温下放置稳定3d）。

（9）氨氮标准储备溶液（1.0mg/mL）　精密称取105℃干燥2h的硫酸铵0.4720g于小烧杯中，加水溶解后移至100mL容量瓶中，并稀释至刻度，混匀，此溶液每毫升相当于1.0mg氨氮（10℃以下冰箱内贮存稳定1年以上）。

（10）氨氮标准使用溶液（0.1g/L）　用移液管精确量取10mL氨氮标准储备液（1.0mg/mL）于100mL容量瓶内，加水稀释至刻度，混匀，此溶液每毫升相当于100μg氨氮（10℃以下冰箱内贮存稳定1个月）。

（四）仪器和设备

分光光度计、电热恒温水浴锅（100℃±0.5℃）、10mL具塞玻璃比色管。

（五）测定步骤

1. 试样前处理

吸取1.0mL酱油样品于50mL容量瓶中，加水稀释至刻度，混匀。

2. 标准曲线的制作

精密吸取氨氮标准使用溶液0、0.05、0.1、0.2、0.4、0.6、0.8、1.0mL（相当于0、5.0、10.0、20.0、40.0、60.0、80.0、100.0μg NH_3-N）分别于10mL比色管中。向各比色管分别加入4mL乙酸钠-乙酸缓冲溶液（pH 4.8）及4mL显色剂，用水稀释至刻度，混匀。置于100℃水浴中加热15min，取出，水浴冷却至室温后，移入1cm比色皿内，以零管为参比，于波长400nm处测量吸光度，绘制标准曲线或计算线性回归方程。

3. 试样的测定

精密吸取2mL试样稀释溶液于10mL比色管中。加入4mL乙酸钠-乙酸缓冲溶液（pH 4.8）及4mL显色剂，用水稀释至刻度，混匀。置于100℃水浴中加热15min，取出，水浴冷却至室温后，移入1cm比色皿内，以零管为参比，于波长400nm处测量吸光度。试样吸光度与标准曲线比较定量或代入线性回归方程，计算试样含量。

（六）结果计算

样品中氨基酸态氮含量的计算公式如下：

$$X = \frac{m}{V \times 1000 \times 1000 \times \frac{V_1}{V_2}} \times 100 \tag{7-4}$$

式中　X——酱油中氨基酸态氮的含量，g/100mL；

m——酱油测定液中氮的质量，μg；

V——吸取酱油的体积，mL；

V_1——测定用试样溶液体积，mL；

V_2——酱油前处理中的定容体积，mL。

（七）说明及注意事项

（1）精密度　在重复性条件下获得的两次独立测定结果的绝对差值不得超过算术平均值的10%。

（2）检测限与定量限　本方法的检测限为0.0070mg/100g，定量限为0.0210mg/100g。

三、超高效液相色谱-串联质谱法测定生物胺

（一）实验目的

（1）了解超高效液相色谱-串联质谱（UPLC-MS/MS）法测定酱油中生物胺的原理。

（2）了解UPLC-MS/MS法的测定步骤。

（二）实验原理

酱油样品中加入1,7-庚二胺作为内标，以水稀释和氨水调节pH后，加入乙腈进行液液萃取，盐析分层，萃取液经QuEChERS净化，调整酸度、浓缩、复溶后，以UPLC-MS/MS分离测定，内标法定量。

（三）材料和试剂

1. 材料

酱油。

2. 试剂

（1）7种生物胺标准品信息见表7-5，1,7-庚二胺（1,7-diaminoheptane，CAS 646-19-5）作为内标，标准品内标的纯度均>98.0%。

表7-5　生物胺的化学结构等信息

序号	生物胺	缩写	CAS号	化学结构	p*Ka*
1	酪胺（Tyramine）	TYR	51-67-2	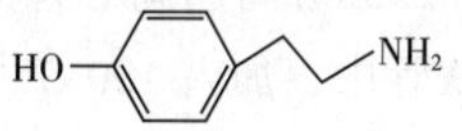	9.6
2	色胺（Tryptamine）	TRP	61-54-1	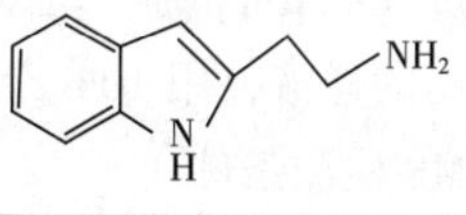	10.2

续表

序号	生物胺	缩写	CAS 号	化学结构	p*Ka*
3	腐胺（Putrescine）	PUT	333-93-7		9.4~10.8
4	组胺（Histamine）	HIS	51-45-6	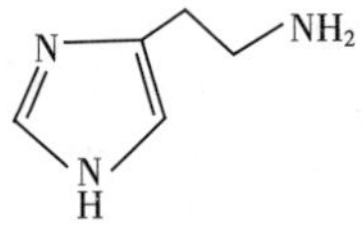	6.0~9.8
5	苯乙胺（Phenethylamine）	PEA	64-04-0	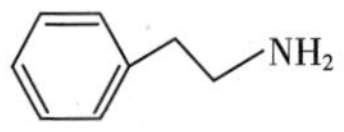	10.0
6	精胺（Spermine）	SPM	71-44-3		8.9~11.5
7	亚精胺（Spermidine）	SPD	124-20-9	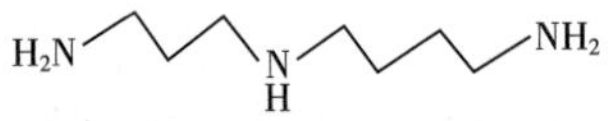	9.5~11.6

（2）乙腈、乙酸乙酯、甲酸、乙酸铵均为色谱纯。

（3）正丁醇、三氯甲烷、氯化钠、氨水均为分析纯。

（4）*N*-丙基乙二胺（PSA，40~63μm，6nm）、C_{18} 和 GCB 吸附剂。

（5）标准溶液配制　分别称取适量的标准物质，用乙腈配成 200mg/L 的单标储备液，4℃储存。吸取适量的 7 种生物胺单标储备液，用 10%乙腈水（体积比，下同）稀释成 1.0mg/L 的混合标准溶液，4℃储存。吸取适量的 1,7-庚二胺单标储备液，用 10%乙腈水稀释成 10.0mg/L，4℃储存。使用时，用 10%乙腈水将 1.0mg/L 的混合标准溶液稀释成 5.0、10、20、50、100、200、500μg/L 的系列混合标准工作液，均含 100μg/L 1,7-庚二胺内标物。

（四）仪器和设备

超高效液相色谱三重四极杆串联质谱仪、旋涡混合器、超声波清洗器、高速离心机、水浴氮吹仪、去离子水发生器等。

（五）测定步骤

1. 样品前处理

称取 0.5g 试样于 15mL 塑料离心管中，加入 100μL 10.0mg/L 的 1,7-庚二胺标准溶液、500μL 氨水和 5mL 水，涡旋均匀，再加入 5mL 乙腈，涡旋振荡 1min，然后加入 2g 氯化钠，涡旋振荡 1min，3500r/min 离心 3min，取上层清液于 10mL 玻璃比色管，重复萃取 1 次，萃取液合并于比色管中，用乙腈定容至 10mL，混匀。吸取 2.0mL 萃取液于预先装有 100mg PSA 和 100mg C_{18} 吸附剂的 2.5mL 高速离心管中，涡旋 1min，12000r/min 离心 5min，吸取 1.0mL 上清液于 10mL 玻璃氮吹管中，加入 100μL 甲酸，混匀，置于 40℃水浴中氮气吹干，用 1.0mL 10%乙腈水涡旋溶解，过 0.22μm 滤膜，滤液供 UPLC-MS/MS 测定。

待测物含量过高的样液，用 10%乙腈水适当稀释至线性范围内，再测。

2. UPLC-MS/MS 检测条件

色谱柱：ACQUITY UPLC BEH C18 色谱柱（100mm×2.1mm，1.7μm）；流动相 A：0.1%甲酸水（体积比），流动相 B：0.1%甲酸乙腈（体积比）；梯度洗脱程序：0~2.0min，90%~

50% A；2.0~2.1min，50%~90% A；2.1~4.0min，90%A；流速：0.2mL/min；柱温：30℃；进样量：2μL。

质谱条件：电喷雾离子源（ESI），正模式和多反应监测（MRM）模式；碰撞气为氩气，0.2mL/min；化合物的监测离子对（m/z）、锥孔电压等质谱参数见表7-6。

表7-6　生物胺的质谱测定条件

序号	生物胺	母离子/（m/z）	子离子/（m/z）	锥孔电压/V	碰撞能/eV
1	精胺	202.9	112.1*/129	20	20/15
2	亚精胺	145.9	72.1*/112.1	15	15/15
3	组胺	111.9	95*/68	15	15/20
4	腐胺	88.9	72*	7	9
5	酪胺	137.9	121*/77	12	10/22
6	苯乙胺	121.9	105*/77	15	10/25
7	色胺	160.8	144*/117	10	10/22
8	1,7-庚二胺	130.9	114.1*/55.1	15	10/15

注：其中带“*”的离子为定量离子。

3. 测定

通过液相色谱将试样溶液进行分离测定，得到相应的保留时间及信号响应值，根据标准曲线得到相应目标化合物的浓度。进行样品测定时，如果检出的质量色谱峰保留时间与标准样品一致，并且在扣除背景后的样品谱图中，各定性离子的相对丰度与浓度接近的同样条件下得到的标准溶液谱图相比，最大允许相对偏差不超过表7-7中规定的范围，则可判断样品中存在对应的待测物。

表7-7　定性确证时相对离子丰度的最大允许偏差

相对离子丰度/%	允许的相对偏差/%
>50	±20
20~50	±25
10~20	±30
≤10	±50

4. 空白试验

除不加试样外，均按上述提取和净化操作步骤进行。

（六）结果计算

以生物胺混合标准工作液中生物胺和内标的浓度比为横坐标，以峰面积比为纵坐标，绘制标准曲线，按照内标法进行定量计算。待测样液中生物胺的响应值应在标准曲线范围内，超过线性范围则应重新分析。

计算结果以重复性条件下获得的两次独立测定结果的算术平均值表示，结果保留两位有效数字。

（七）说明及注意事项

（1）本方法的定量限和检测限见表7-8。

（2）本方法在线性范围内的三个加标浓度下，平均回收率在84%~115%，日内精密度 *RSD*（*n*=6）在2.2%~8.8%，日间精密度 *RSD*（*n*=5）<12%。

表7-8　本方法的检测限、定量限及线性范围

生物胺	线性范围/（μg/L）	校准曲线	R^2	检测限/（μg/kg）	定量限/（μg/kg）
精胺	6.0~600	y=0.0352 x+0.1819	0.9992	8	30
亚精胺	6.0~600	y=0.0565 x-0.2962	0.9991	8	30
组胺	3.0~600	y=0.0783 x+0.7222	0.9994	4	15
腐胺	3.0~600	y=0.0259 x+0.1656	0.9995	4	15
酪胺	3.0~600	y=0.0250 x+0.5220	0.9997	4	15
苯乙胺	3.0~600	y=0.0682 x+0.9286	0.9992	4	15
色胺	3.0~600	y=0.0566 x+1.0986	0.9994	4	15

思考题

1. 色谱-质谱联用技术有什么优点？为实现联用需解决什么关键问题？
2. 在色谱分析中，内标物的选择依据是什么？
3. 与单级质谱相比，串联质谱有什么突出优势？

附　录

附录一　常用酸碱溶液的密度和浓度

具体情况如附表 1 所示。

附表 1　　常用酸碱溶液的密度和浓度

酸或碱溶液	分子式	20℃条件下的密度/(kg/L)	质量分数/%	c/(mol/L)
浓硫酸	H_2SO_4	1.84	96	18
稀硫酸		1.18	25	3
稀硫酸		1.06	9	1
浓盐酸	HCl	1.19	37	12
稀盐酸		1.10	20	6
稀盐酸		1.03	7	2
浓硝酸	HNO_3	1.42	70	16
稀硝酸		1.20	32	6
稀硝酸		1.07	12	2
冰醋酸	CH_3COOH	1.05	99.5	17
稀醋酸		1.04	35	6
稀醋酸		1.02	12	2
磷酸	H_3PO_4	1.68	85	14.6
高氯酸	$HClO_4$	1.75	72	12
氢氟酸	HF	1.13	40	23
浓氢氧化钠	NaOH	1.36	33	11
稀氢氧化钠		1.22	20	6
稀氢氧化钠		1.09	8	2
浓氨水	$NH_3 \cdot H_2O$	0.90	28	15
稀氨水		0.96	10	6

附录二　常用标准溶液的配制及标定

1. 盐酸标准溶液的配制和标定

（1）配制　按照附表 2 量取一定体积的浓盐酸，用水稀释至 1000mL。

（2）标定　按照附表 2 称取在 270～300℃灼烧至恒重的基准试剂无水碳酸钠，用 50mL 水溶解。加溴甲酚绿-甲基红指示剂 5 滴，用配制好的盐酸溶液滴定至溶液由绿色变暗红色，煮沸 2min，冷却后继续滴定至溶液再呈暗红色为终点。同时做空白试验。

附表 2　　盐酸标准溶液的配制和标定

c（HCl）/（mol/L）	配制时所需浓盐酸的体积/mL	标定时所需无水碳酸钠的质量/g
1	83	1.5~2
0.5	42	0.75~1
0.1	8.5	0.15~0.2
0.05	4.2	0.07~0.1

2. 硫酸标准溶液的配制和标定

（1）配制　按照附表 3 量取一定体积的浓硫酸，缓慢加入 800mL 水中，冷却后用水稀释至 1000mL。

（2）标定　按照附表 3 称取在 270～300℃灼烧至恒重的基准试剂无水碳酸钠，用 50mL 水溶解。加溴甲酚绿-甲基红指示剂 5 滴，用配制好的硫酸溶液滴定至溶液由绿色变暗红色，煮沸 2min，冷却后继续滴定至溶液再呈暗红色为终点。同时做空白试验。

附表 3　　硫酸标准溶液的配制和标定

c（$1/2H_2SO_4$）/（mol/L）	配制时所需浓硫酸的体积/mL	标定时所需无水碳酸钠的质量/g
1	28	1.5~2
0.5	14	0.75~1
0.1	3	0.15~0.2
0.05	1.5	0.07~0.1

3. 氢氧化钠标准溶液的配制和标定

（1）配制　称取 110g NaOH，溶于 100mL 无 CO_2 的水中，摇匀，注入聚乙烯容器中，密闭放置至溶液清亮。按照附表 4 量取一定体积的上层清液，用无 CO_2 的水稀释至 1000mL。

（2）标定　按照附表 4 称取在 105～110℃烘干至恒重的基准试剂邻苯二甲酸氢钾，用 50～80mL 水溶解。加酚酞指示剂 2 滴，用配制好的氢氧化钠溶液滴定至溶液呈粉红色 30s 不褪色为终点。同时做空白试验。

附表 4　　氢氧化钠标准溶液的配制和标定

c（NaOH）/（mol/L）	配制时所需 NaOH 饱和溶液的体积/mL	标定时所需邻苯二甲酸氢钾的质量/g
1	54	6~7.5
0.5	27	3~3.6
0.1	5.4	0.6~0.75

4. 高锰酸钾标准溶液的配制和标定

（1）配制　按照附表 5 称取一定量的高锰酸钾，用 1000mL 水溶解，煮沸 10~15min，冷却，于暗处静置 1~2 周，用已处理过的 4 号玻璃滤埚过滤。储存于棕色瓶中。

玻璃滤埚的处理是指玻璃滤埚在同样浓度的高锰酸钾溶液中缓缓煮沸 5min。

（2）标定　按照附表 5 称取在 105~110℃ 烘干至恒重的基准试剂草酸钠，加入 30~50mL 水，再加入 10mL 3mol/L H_2SO_4 溶液。用配制好的高锰酸钾溶液滴定，近终点时加热至 65℃，继续滴定至溶液呈粉红色 30s 不褪色为终点。同时做空白试验。

附表 5　　高锰酸钾标准溶液的配制和标定

c（1/5$KMnO_4$）/（mol/L）	配制时所需 $KMnO_4$ 的质量/g	标定时所需草酸钠的质量/g
0.1	3.2	0.25
0.05	1.6	0.12
0.02	0.65	0.05

5. 乙二胺四乙酸二钠标准溶液的配制和标定

（1）配制　按照附表 6 称取一定量的乙二胺四乙酸二钠，加入 1000mL 水，加热溶解，冷却，摇匀。

（2）标定　按照附表 6 称取在（800±50）℃ 灼烧至恒重的基准试剂氧化锌，用少量水湿润，加入 2mL 20% HCl 溶液溶解，加 100mL 水，用 10% 氨水溶液调节溶液 pH 至 7~8，加 10mL pH 10 的氨-氯化铵缓冲溶液及 5 滴 5g/L 铬黑 T 指示剂，用配制好的乙二胺四乙酸二钠溶液滴定至溶液由紫色变为纯蓝色。同时做空白试验。

附表 6　　乙二胺四乙酸二钠标准溶液的配制和标定

c（EDTA）/（mol/L）	配制时所需乙二胺四乙酸二钠的质量/g	标定时所需氧化锌的质量/g
0.1	40	0.3
0.05	20	0.15
0.02	8	0.06
0.01	4	0.03

附录三 常用缓冲溶液的配制

1. 标准缓冲溶液的配制（20℃）

（1）pH 1.68 标准缓冲溶液 称取在（54±3）℃干燥 4~5h 并已冷却的四草酸氢钾 12.61g，用无 CO_2 蒸馏水溶解，稀释至 1000mL。

（2）pH 4.00 标准缓冲溶液 称取在 110~120℃干燥 2h 并已冷却的邻苯二甲酸氢钾 10.12g，用无 CO_2 蒸馏水溶解，稀释至 1000mL。

（3）pH 6.88 标准缓冲溶液 分别称取在 110~120℃干燥 2~3h 并已冷却的磷酸氢二钠 3.533g 和磷酸二氢钾 3.387g，用无 CO_2 蒸馏水溶解，稀释至 1000mL。

（4）pH 9.23 标准缓冲溶液 称取硼砂 3.80g 于无 CO_2 蒸馏水中，稀释至 1000mL。

2. 常用缓冲溶液的配制

（1）甘氨酸-盐酸缓冲液（0.05mol/L） 量取 50mL 0.2mol/L 甘氨酸溶液和附表 7 所示体积的 0.2mol/L HCl 溶液，再加水稀释至 200mL。

附表 7 甘氨酸缓冲液的配制

pH	2.2	2.4	2.6	2.8	3.0	3.2	3.4	3.6
V（HCl）/mL	44.0	32.4	24.2	16.8	11.4	8.2	6.4	5.0

（2）磷酸氢二钠-磷酸二氢钠缓冲液（0.2mol/L） 按照附表 8 量取一定体积的 0.2mol/L Na_2HPO_4 和 0.2mol/L NaH_2PO_4 溶液，混匀。

0.2mol/L Na_2HPO_4 溶液的配制：称取 71.6g $Na_2HPO_4 \cdot 12H_2O$，溶于 1000mL 水中。

0.2mol/L NaH_2PO_4 溶液的配制：称取 31.2g $NaH_2PO_4 \cdot 2H_2O$，溶于 1000mL 水中。

附表 8 磷酸氢二钠-磷酸二氢钠缓冲液的配制

pH	0.2mol/L Na_2HPO_4/mL	0.2mol/L NaH_2PO_4/mL	pH	0.2mol/L Na_2HPO_4/mL	0.2mol/L NaH_2PO_4/mL
5.8	8.0	92.0	7.0	61.0	39.0
5.9	10.0	90.0	7.1	67.0	33.0
6.0	12.3	87.7	7.2	72.0	28.0
6.1	15.0	85.0	7.3	77.0	23.0
6.2	18.5	81.5	7.4	81.0	19.0
6.3	22.5	77.5	7.5	84.0	16.0
6.4	26.5	73.5	7.6	87.0	13.0
6.5	31.5	68.5	7.7	89.5	10.5
6.6	37.5	62.5	7.8	91.5	8.5
6.7	43.5	56.5	7.9	93.0	7.0
6.8	49.0	51.0	8.0	94.7	5.3
6.9	55.0	45.0			

（3）柠檬酸-柠檬酸钠缓冲液（0.1mol/L） 按照附表 9 量取一定体积的 0.1mol/L 柠檬酸和 0.1mol/L 柠檬酸钠溶液，混匀。

0.1mol/L 柠檬酸溶液的配制：称取 21.0g $C_6H_8O_7 \cdot H_2O$，溶于 1000mL 水中。

0.1mol/L 柠檬酸钠溶液的配制：称取 29.4g $Na_3C_6H_5O_7 \cdot 2H_2O$，溶于 1000mL 水中。

附表 9 柠檬酸-柠檬酸钠缓冲液的配制

pH	0.1mol/L 柠檬酸/mL	0.1mol/L 柠檬酸钠/mL	pH	0.1mol/L 柠檬酸/mL	0.1mol/L 柠檬酸钠/mL
3.0	18.6	1.4	5.0	8.2	11.8
3.2	17.2	2.8	5.2	7.3	12.7
3.4	16.0	4.0	5.4	6.4	13.6
3.6	14.9	5.1	5.6	5.5	14.5
3.8	14.0	6.0	5.8	4.7	15.3
4.0	13.1	6.9	6.0	3.8	16.2
4.2	12.3	7.7	6.2	2.8	17.2
4.4	11.4	8.6	6.4	2.0	18.0
4.6	10.3	9.7	6.6	1.4	18.6
4.8	9.2	10.8			

（4）醋酸-醋酸钠缓冲液（0.2mol/L） 按照附表 10 量取一定体积的 0.2mol/L 醋酸和 0.2mol/L 醋酸钠溶液，混匀。

0.2mol/L 醋酸钠溶液的配制：称取 27.2g $NaAc \cdot 3H_2O$，溶于 1000mL 水中。

附表 10 醋酸-醋酸钠缓冲液的配制

pH	0.2mol/L NaAc/mL	0.2mol/L HAc/mL	pH	0.2mol/L NaAc/mL	0.2mol/L HAc/mL
3.6	0.75	9.25	4.8	5.90	4.10
3.8	1.20	8.80	5.0	7.00	3.00
4.0	1.80	8.20	5.2	7.90	2.10
4.2	2.65	7.35	5.4	8.60	1.40
4.4	3.70	6.30	5.6	9.10	0.90
4.6	4.90	5.10	5.8	9.40	0.60

附录四 常用指示剂溶液的配制

1. 酚酞指示液（10g/L）

称取 1g 酚酞，溶于 95%乙醇，用 95%乙醇稀释至 100mL。

2. 甲基红指示液（1g/L）

称取 0.1g 甲基红，溶于 95%乙醇，用 95%乙醇稀释至 100mL。

3. 中性红指示液（1g/L）

称取 0.1g 中性红，溶于 100mL 水，过滤即可。也可用 50% 乙醇配制。

4. 溴甲酚绿指示液（1g/L）

称取 0.1g 溴甲酚绿，溶于 95% 乙醇，用 95% 乙醇稀释至 100mL。

5. 溴甲酚绿-甲基红指示液

取 1 份甲基红指示液（1g/L）和 3 份溴甲酚绿指示液（1g/L），临用时混合。

6. 百里酚酞指示液（1g/L）

称取 0.1g 百里酚酞，溶于 95% 乙醇，用 95% 乙醇稀释至 100mL。

7. 二甲酚橙指示液（5g/L）

称取 0.5g 二甲酚橙，溶于 100mL 水。

8. 钙红指示液（1g/L）

称取 0.1g 钙红，溶于 100mL 水，储存于冰箱中可保存一个半月以上，也可用 50% 乙醇配制。

9. 铬黑 T 指示剂

称取 0.1g 铬黑 T 和 10g 氯化钠，置于研钵中，研细混匀。储存于棕色磨口瓶中。

10. 铬黑 T 指示液（5g/L）

称取 0.5g 铬黑 T 和 2g 氯化羟胺（盐酸羟胺），溶于 95% 乙醇中，用 95% 乙醇稀释至 100mL。临用前制备。

11. 淀粉指示液（10g/L）

称取 1g 可溶性淀粉，用 5mL 水调成糊状，在搅拌下缓缓倾入 90mL 沸水中，煮沸 1~2min，冷却，稀释至 100mL。使用期为 2 周。

附录五　标准缓冲液 pH 与温度对照表

具体情况如附表 11 所示。

附表 11　标准缓冲液 pH 与温度对照表

温度/℃	pH			
	0.05mol/L 四草酸氢钾	0.05mol/L 邻苯二甲酸氢钾	0.025mol/L 混合磷酸盐	0.01mol/L 硼砂
0	1.67	4.01	6.98	9.46
5	1.67	4.00	6.95	9.39
10	1.67	4.00	6.92	9.33
15	1.67	4.00	6.90	9.28
20	1.68	4.00	6.88	9.23
25	1.68	4.00	6.86	9.18
30	1.68	4.01	6.85	9.14
35	1.69	4.02	6.84	9.11
40	1.69	4.03	6.84	9.07
45	1.70	4.04	6.83	9.04

续表

温度/℃	pH			
	0.05mol/L 四草酸氢钾	0.05mol/L 邻苯二甲酸氢钾	0.025mol/L 混合磷酸盐	0.01mol/L 硼砂
50	1.71	4.06	6.83	9.02
55	1.71	4.07	6.83	8.99
60	1.72	4.09	6.84	8.97
70	1.74	4.12	6.85	8.93
80	1.76	4.16	6.86	8.89
90	1.78	4.20	6.88	8.86
95	1.80	4.22	6.89	8.84

附录六　阿贝折光仪测定固形物含量的温度校正表

具体情况如附表 12 所示。

附表 12　　阿贝折光仪测定固形物含量的温度校正表

温度/℃	固形物含量/%														
	0	5	10	15	20	25	30	35	40	45	50	55	60	65	70
温度低于 20℃时，固形物含量应减的数值															
10	0.50	0.54	0.58	0.61	0.64	0.66	0.68	0.70	0.72	0.73	0.74	0.75	0.76	0.78	0.79
11	0.46	0.49	0.53	0.55	0.58	0.60	0.62	0.64	0.65	0.66	0.67	0.68	0.69	0.70	0.71
12	0.42	0.45	0.48	0.50	0.52	0.54	0.56	0.57	0.58	0.59	0.60	0.61	0.61	0.63	0.63
13	0.37	0.40	0.42	0.44	0.46	0.48	0.49	0.50	0.51	0.52	0.53	0.54	0.54	0.55	0.55
14	0.33	0.35	0.37	0.39	0.40	0.41	0.42	0.43	0.44	0.45	0.45	0.46	0.46	0.47	0.48
15	0.27	0.29	0.31	0.33	0.34	0.34	0.35	0.36	0.37	0.37	0.38	0.39	0.39	0.40	0.40
16	0.22	0.24	0.25	0.26	0.27	0.28	0.28	0.29	0.30	0.30	0.30	0.31	0.31	0.32	0.32
17	0.17	0.18	0.19	0.20	0.21	0.21	0.21	0.22	0.22	0.23	0.23	0.23	0.23	0.24	0.24
18	0.12	0.13	0.13	0.14	0.14	0.14	0.14	0.15	0.15	0.15	0.15	0.16	0.16	0.16	0.16
19	0.06	0.06	0.06	0.07	0.07	0.07	0.07	0.08	0.08	0.08	0.08	0.08	0.08	0.08	0.08
温度高于 20℃时，固形物含量应加的数值															
21	0.06	0.07	0.07	0.07	0.07	0.08	0.08	0.08	0.08	0.08	0.08	0.08	0.08	0.08	0.08
22	0.13	0.13	0.14	0.14	0.15	0.15	0.15	0.15	0.15	0.16	0.16	0.16	0.16	0.16	0.16
23	0.19	0.20	0.21	0.22	0.22	0.23	0.23	0.23	0.23	0.24	0.24	0.24	0.24	0.24	0.24
24	0.26	0.27	0.28	0.29	0.30	0.30	0.31	0.31	0.31	0.31	0.31	0.32	0.32	0.32	0.32
25	0.33	0.35	0.36	0.37	0.38	0.38	0.39	0.40	0.40	0.40	0.40	0.40	0.40	0.40	0.40
26	0.40	0.42	0.43	0.44	0.45	0.46	0.47	0.48	0.48	0.48	0.48	0.48	0.48	0.48	0.48
27	0.48	0.50	0.52	0.53	0.54	0.55	0.55	0.56	0.56	0.56	0.56	0.56	0.56	0.56	0.56

续表

温度/℃	固形物含量/%														
	0	5	10	15	20	25	30	35	40	45	50	55	60	65	70
	温度高于 20℃时，固形物含量应加的数值														
28	0.56	0.57	0.60	0.61	0.62	0.63	0.63	0.64	0.64	0.64	0.64	0.64	0.64	0.64	0.64
29	0.64	0.66	0.68	0.69	0.71	0.72	0.72	0.73	0.73	0.73	0.73	0.73	0.73	0.73	0.73
30	0.72	0.74	0.77	0.78	0.79	0.80	0.80	0.81	0.81	0.81	0.81	0.81	0.81	0.81	0.81

注：标准温度 20℃。

参考文献

［1］王永华，戚穗坚．食品分析［M］.4 版．北京：中国轻工业出版社，2023.

［2］黄晓珏，刘邻渭．食品化学与分析综合实验［M］.2 版．北京：中国农业大学出版社，2009.

［3］高向阳，宋莲军．现代食品分析实验［M］. 北京：科学出版社，2013.

［4］李云飞，殷涌光，金万镐．食品物性学［M］. 北京：中国轻工业出版社，2005.

［5］黄伟坤．食品检验与分析［M］. 北京：中国轻工业出版社，1989.

［6］大连轻工业学院等八所院校．食品分析［M］. 北京：中国轻工业出版社，1994.

［7］叶世柏．食品理化检验方法与指南［M］. 北京：北京大学出版社，1991.

［8］刘莲芳．食品添加剂分析方法［M］. 北京：中国轻工业出版社，1989.

［9］赵传孝．食品检验技术手册［M］. 北京：中国食品出版社，1990.

［10］罗平．饮料分析与检验［M］. 北京：中国轻工业出版社，1992.

［11］中国食品添加剂生产与应用协会．食品添加剂手册［M］.2 版．北京：中国轻工业出版社，2001.

［12］宁正祥．食品成分分析手册［M］. 北京：中国轻工业出版社，1998.

［13］无锡轻工大学，天津轻工业学院．食品分析［M］. 北京：中国轻工业出版社，2000.

［14］扈文盛．常用食品数据手册［M］. 北京：中国食品出版社，1987.

［15］王耀忠．粮油品质分析与检验［M］. 吉林：吉林科技出版社，1992.

［16］宋玉卿，王立琦．粮油检测与分析技术［M］. 北京：中国轻工业出版社，2008.

［17］刘建彬，刘梦娅，何聪聪，等．应用 AEDA 结合 OAV 值计算鉴定可可液中关键气味活性化合物［J］. 食品与发酵工业，2013，39（9）：180-184.

［18］夏玲君．反应型牛肉香精的研制及其香味活性化合物的分析［D］. 北京：北京工商大学，2007.

［19］许倩，朱秋劲，叶春，等．低场核磁共振分析冰温牛肉中不同状态水分变化［J］. 肉类研究，2013，27（5）：17-21.

［20］夏天兰，刘登勇，徐幸莲，等．低场核磁共振技术在肉与肉制品水分测定及其相关品质特性中的应用［J］. 食品科学，2011，32（21）：253-256.

［21］李银，李侠，张春晖，等．利用低场核磁共振技术测定肌原纤维蛋白凝胶的保水性及其水分含量［J］. 现代食品科技，2013，29（11）：2777-2781.

［22］Huang H，Wang J，Zheng Y，et al. A screen-printed carbon electrode modified with bismuth nanoparticles and conjugated mesoporous polymer for simultaneous determination of Pb（II）and Cd（II）in seafood samples［J］. Journal of Food Composition and Analysis，2024，125：105837.

［23］Dong H，Xian Y，Li H，et al. Analysis of heterocyclic aromatic amines profiles in Chinese traditional bacon and sausage based on ultrahigh performance liquid chromatography-Quadrupole-Orbitrap high resolution mass spectrometry（UHPLC-Q-Orbitrap HRMS）［J］. Food Chemistry，2020，310：125937.

［24］ Dong H， Xiao K. Modified QuEChERS combined with ultra high performance liquid chromatography tandem mass spectrometry to determine seven biogenic amines in Chinese traditional condiment soy sauce ［J］. Food Chemistry， 2017， 229： 502-508.

［25］ Bai W， Sun S， Zhao W， et al. Determination of ethyl carbamate （EC） by GC-MS and characterization of aroma compounds by HS-SPME-GC-MS during wine frying status in Hakka yellow rice wine ［J］. Food Analytical Methods， 2017， 10： 2068-2077.